东方卫视大型家装改造节目

梦想改造家 I

《梦想改造家》栏目组　编著

江苏凤凰科学技术出版社

序言

你以为这只是一个装修节目吗?

骆新

东方卫视 主持人

撰写这篇序言的时候，我正好在英国伦敦学习，而且已经居住了一个多月。

我喜欢伦敦，正是因为这里有太多老房子，而每一幢老房子里，都藏着各种引人入胜的故事。有趣的是，许多看似不起眼儿的建筑，只要外立面镶嵌了一个湖蓝色、圆形的金属牌，瞬间就能让你肃然起敬——那上面仅仅写着谁、在什么时间、曾经与这栋建筑的关系。譬如，我每天步行去上课的路上，就要与狄更斯、拜伦等擦肩而过，某一天我去女王陛下剧院（Her Majesty Theater）看戏，到早了点，于是便在剧院旁边的酒店门口稍作休息，此刻抬头一看，只见酒店墙上也有这样的圆牌，赫然用英文写着“胡志明（1890-1969），现代越南的缔造者，1913年在这家酒店当过服务生，此处就是他曾经站立迎宾的位置”……

今天，许多人喜欢“穿越”，我对此的理解是——人们渴望突破现实束缚的一种特殊表达。我们所谓的“看见祖先”，不过是另一种“认识自己”的过程罢了。我经常说“身体是灵魂的容器”，老房子实际上更像是一种社会精神的容器，国家兴衰、社会起伏和家庭悲欢，都由它默默地承载。皮之不存，毛将焉附?——没有了这些“容器”，风俗何存?文脉安在?

同济大学的阮仪三教授，是我的忘年交。这二十年来，阮先生倾尽全力、四处奔波，呼吁“刀下留城”，终于保住了平遥、丽江古城和包括周庄、同里、乌镇等在内的“江南六镇”，使其没有被毁在“大拆大建”的时代。

有一次，阮先生问我：为什么中国人总愿意讲“旧城改造”?

从语言学的角度上讲，这种提法充分暴露了国人的价值观：“旧”是针对“新”而言的，在凡事崇尚“新”的人眼里，“旧”明显是被歧视的对象，而在某些城市主政者眼里，“改造”一词的肯綮之处，根本就不在“改”而全在“造”。换句话说，“旧城改造”就是彻底除旧换新，最好是把一切都拆了重来……众所周知，城市的魅力恰恰是基于历史赋予她的积淀的，让居住在其中的人们，能有机会念及童年、回溯过往，这不正是老房子和老城市的可爱之处吗?就算它们是物，也是有“人格”的物。

阮先生说，我们不应该再谈什么“旧城改造”，而要郑重其事地改讲“古城复兴”。仅从字面上理解，“古”与“今”至少是一种平起平坐的关系，而“复兴”一词本身就是把“尊重历史”视为一切行动的前提，也展示了我们对“容身之物”的基本态度。

东方卫视的《梦想改造家》，迄今为止已播出三年了。

虽然这个节目并不是针对城市的大规模改造，但是，面对每一个具体的住宅，也秉承了同样的使命——我们不仅希望通过这些改造来改善人们的生活，更希望能借助这个装修过程，保留人们对于家庭历史的记忆，同时，对每个人的生命、亲情、奋斗都能予以肯定。观众看到每期节目中的人物，会发现他们身上会有自己和家人的影子。

所以，《梦想改造家》看似主体是“房子”，实际上，故事核心永远是“人”。人才是目的，改造房子只是手段。

当然，装修时间都很漫长，这期间各种情况迭出，对于电视拍摄者来说，其难度自不待言；关键是每个房子的改造，我们都希望能符合“好创意”的最简单标准——“意料之外、情理之中”。

可能会超出了观众普遍的生活经验，《梦想改造家》所邀请的设计师，基本上都是建筑师，且富有善心、甘当志愿者。动用这些海内外知名的建筑师来完成家装项目，这几乎就等于“杀鸡用牛刀”，但若不如此，很多天才创意就无从谈起了，毕竟绝大多数房屋的改装，都属于“螺蛳壳里做道场”。这就必须要求设计师使出浑身解数，就像被誉为“空间魔术师”的史南桥等设计师，不仅要打破惯常的空间理念，甚至还要在时间思维上做足文章，包括在材料、装置方面，都必须有超前之举。

其实，这三年中，《梦想改造家》的设计师团队最能打动我的，还不完全在于设计本身的精妙，而是他们具有一种超越了“工具理性”的可贵的“价值理性”。

譬如第一季的第一期节目，在上海的市中心，设计师曾建龙曾改造一处类似“筒子楼”中的几世同居的老式住宅，他发现楼内居民，几十年来都是以占据楼道的方式各自烧饭，就提议：连带把公共空间全部改造。遗憾的是，由于节目组的改造经费有限，而这家的邻居们又大多持观望态度，不愿意集资改造公共走廊，于是，曾建龙一不做、二不休，自掏腰包，把这条走廊上原来四分五裂的各家做饭区域，全部装进了十数个“隔间式小厨房”。另外，在北京，针对一位高龄老人的老式平房的改造项目，设计师要为独居的老奶奶装抽水马桶时才发现，这条胡同的排污管网已经不具备这个功能，在装修预算已经用完的情况下，设计师也是自己承担所有费用，在胡同里铺设了一条长达百米的专用排污管，最终和胡同口的公共厕所相连，解决了老奶奶一辈子都没机会使用马桶的问题。当我们问他，连住户本人和他的儿子们都准备放弃这个“马桶方案”时，为什么还要坚持。设计师的回答很简洁：“我必须让老奶奶用上先进的如厕设施，因为这牵涉到人的尊严……”

很多人都问我：“你们节目的每次装修，要花很多钱吗？”我总是回答道：“当然要花钱，但我们的钱很有限。这个节目之所以好看，我认为是因为这里面有太多的、比钱更值钱的东西。”

当然，在这里，我也不想避讳节目之外的某些“尴尬”。但那属于普遍的“人性之陋习”——我相信，人性是很难经得起检验的。

《梦想改造家》每次装修所遇到的最大麻烦，就是邻里矛盾。我并不想把这些问题全归咎于是资源稀缺的贫困所造成的，但是，必须承认，因为我们处于一个社会高度分化的转型期，由于个人与群体的权利边界模糊，许多中国人普遍都存在着生存焦虑。一个家庭的改善，往往招致来的是嫉妒、不满，甚至是莫名其妙的愤怒和破坏。

邻居的各种不合作，不仅经常导致项目停工，还会使一些装修好的房屋陷入产权和相邻关系的法律纠纷。位于四川牛背山的“青年旅社”项目就是一个典型——虽然历尽千辛万苦，李道德设计师极为出色的改造项目还没有来得及给村民带来福祉，就被“谁拥有这个房子的控制权”矛盾搞成一团乱麻。

居民对于“公共空间”的不理解和不重视，也使得我们的设计师，每次出于好意、想方便邻居而改造某个公共区域的美好计划泡汤。我希望，这些问题仅仅是这个节目在成长过程中必须经历的磨难。这很像中国的现实环境，人们还没有彻底摆脱较低水平的生活条件，还没有机会能够通过集体协商的社群治理，学会如何谈判和妥协。所以，如何建立起一套机制以有效地避免“公地悲剧”发生，让人们在多次博弈中取得利益和内心的平衡，不仅是《梦想改造家》要探讨的方向，也是整个中国社会都要逐渐学习和摸索的过程。

我曾在东方卫视的另一档真人秀节目中，说了这样一句话：“我们都希望人生能有一个完美的结局，如果现在你发现自己还不够完美，就说明这还不是结局。”

把这句话用在《梦想改造家》身上，也非常合适！

是为序。

前言

梦想 · 家

施琰

东方卫视 主持人

“人类因为梦想而伟大！”每当看到这句话，内心都会被莫名触动。

梦想有大有小，不论是要去拯救银河系，还是仅仅想拥有一张属于自己的床，同样值得尊重和祝福。因为，它是支撑你在黑暗中跋涉的光。

在主持《梦想改造家》的日子里，流了很多眼泪，更收获了满满的温暖和爱。有一位网友在微博上说：“作为主持人，施琰能遇上《梦想改造家》真是一种幸运！”这也正是我想表达的。

上学时，老师总教育我们，再悲伤的故事，也要留一个光明的尾巴。2012 年，导演吕克·贝松获得冬季达沃斯水晶奖，在发表获奖感言时，他说：“九岁的女儿问我'这个世界会崩溃吗'？我说不会！我对她撒了谎……”

作为一位杰出的国际导演，这样绝望的表达或许和他艺术家的悲情主义情愫有关，但放眼世界，让人真心欢喜的消息有多少？屈指可数！所以，一个必须面对的现实就是：要寻找一个光明的尾巴并没有那么容易。

于是，从一开始，《梦想改造家》似乎就是带着使命而来！

在高楼林立的都市，在人迹罕至的荒野，在任何一个你不曾留意的空间，都有顽强的生命存在。他们或许活得平凡，却始终捍卫着自己寻找希望和尊严的权利。

于是带着梦想，他们与我们相遇了！

总是很喜欢以蝴蝶效应来举例：一只南美洲亚马孙河流域热带雨林中的蝴蝶，偶尔扇动了几下翅膀，在两周后，美国德克萨斯州就掀起了一场飓风。这一效应是在告诉我们，事物发展的结果，对初始条件具有极为敏感的依赖性，初始条件的极小偏差，都会引起结果的极大差异。而蝴蝶效应如果转化为我们最熟悉的一句话，那就是：莫以善小而不为，莫以恶小而为之。

《梦想改造家》做的似乎就是蝴蝶振翅的工作。那些被感动到流泪的人们、那些在我们节目中发现美好的人们、那些由看节目而生出愿望去帮助他人的人们……你们就是动力系统中的一环，一直连锁反应下去，我们的世界总有一天会变成美好的人间。

吕克·贝松在获奖感言的最后说道：“有孩子的人都有愿望把这个世界变美好！”我虽然还没有孩子，但是有相同的愿望。

这是一个光明的尾巴，也是一个终将会实现的梦想！

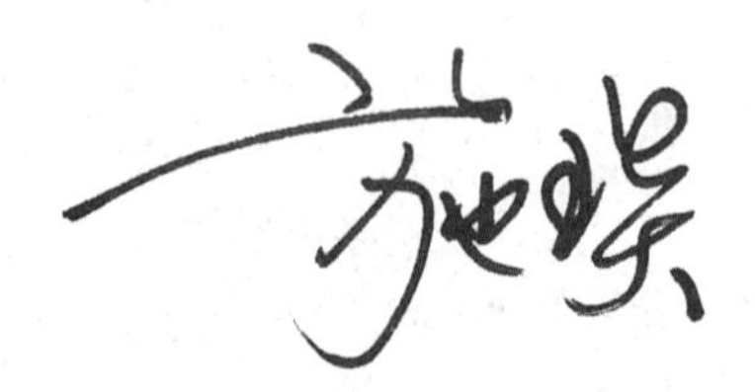

目录

006 一室一厅变身三室一厅空中小别墅
不想分开的家

030 杭州 24 平方米断桥老宅　三人空间完美呈现
断桥边的家

054 15 平方米一室户巧改小复式
花园洋房里的家

076 90 后小夫妻 30 平方米奢求四大功能
令人烦恼的新家

106 北京百年四合院　中西合璧完美调和
一辈子的家

138 14 平方米巧改四室两厅三卫
风景里的家

一室一厅变身
三室一厅空中小别墅

不想分开的家

○基本资料

- 地点：武汉
- 房屋面积：**70** 平方米
- 家庭成员：委托人王女士、
王女士的婆婆、
王女士的女儿
- 装修总造价：**30.6** 万元
- 设计师：陈彬

改造总花费：30.6 万元		
硬装花费	材料费：11.6 万元	19.6 万元
	人工费：8 万元	
软装花费	7 万元	
其他花费	公共空间 4 万元、电梯费用由爱心企业赞助	

地处老汉口最繁华地段的汉润里，有着百年历史，与附近的宝润里、咸安坊等老式里弄分连成一片，是这片曾经的老洋行区最好的见证。然而，这座城市正在经历一场剧烈的嬗变。在各种现代化设施的建设中，随着高楼大厦纷纷拔地而起，汉润里周围的许多老房子，正在成片地消失。王俊文的女儿有个梦想——希望通过做工作室，吸引更多年轻人关注这种老房子，通过创意将它们保留下来，又为其注入新的活力。

1 房屋状况说明

在老汉口的汉润里，街坊邻居们都知道，王女士的婆婆许奶奶一天几次在窗户底下叫媳妇，已经成了巷子里的一道风景。自从王女士的丈夫因为中风去世，一家三个女人相依为命地生活，现今已经是第七个年头了。许奶奶住在与王女士家一条巷子之隔的一栋老房子里，除了阴暗潮湿之外，由于公用的卫生间在门外走廊的尽头，上厕所一直是个大问题。家里浴室的浴缸太高，许奶奶根本没法使用。王俊文有心把婆婆接过来住，可这二十几级台阶，对于九十多岁的老人家来说，实在是障碍重重。老人始终有个愿望，就是要搬到儿媳家的二楼和媳妇、孙女住在一起。

○楼梯高度阻碍了老人与家人一起居住

王俊文的婆婆已经九十四岁高龄，一个人居住在另一栋老房里，十分孤单。能把她接到一起安享晚年，是一家人最大的愿望。而王女士家二十几层的台阶阻碍了老人上下楼梯，老人的一日三餐也只能是儿媳或孙女每天送过去。

王女士家入户门

通往王女士家的入户楼梯

一层入户大门

○卧室通风采光差，房屋长期潮湿阴暗

由于客厅北面没有窗户，全部的采光通风只能通过阳台的一扇窗来实现，白天非常阴暗。

客厅

采光只有一面的卧室

阁楼下的卧室

○台阶过高，阳台使用不便

阳台是全家采光最好的地方，洗衣、摘菜、女儿画画都要在这儿进行，但小阳台有两阶非常高的台阶，通行不方便。

○女儿需要独立空间

女儿做平面设计工作，不仅需要安静的环境，也需要集中安放画具等物品。

阳台无法拆除的台阶

女儿一直与母亲睡在一张床上

女儿的书籍堆满了整个卧室

采光最好的阳台

○阁楼令人感到压抑，利用不合理

阁楼原本是一个可以利用的额外空间，但由于空气流通不畅，比较压抑，在家里收纳空间有限的情况下成了杂物间，空间利用非常不合理。

令人感到压抑的阁楼

堆满杂物的阁楼

通往阁楼的楼梯

○厨房在室外，使用不便

厨房在室外中庭走廊边，而冰箱和碗橱等都在室内，每次做菜都要像表演杂技一样端许多东西，反复几趟，一日三餐都这样折腾，让王女士十分烦恼。

○开办自己的设计工作室

王女士女儿的愿望就是希望在老房子里开办自己的设计工作室。

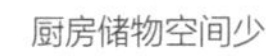

厨房储物空间少

处在二楼中庭的厨房

与邻居共用的中庭卫生间

中庭卫生间

○上厕所不便

厕所在室外走廊尽头，和另外一户人家合用，下雨天和晚上都十分不便。到了夜里，走廊漆黑一片，只能使用痰盂。

○浴室狭小，洗衣不便

浴室比较狭小，卫生条件差，洗衣服常常要拿到室外露天的水池搓洗，十分不便。

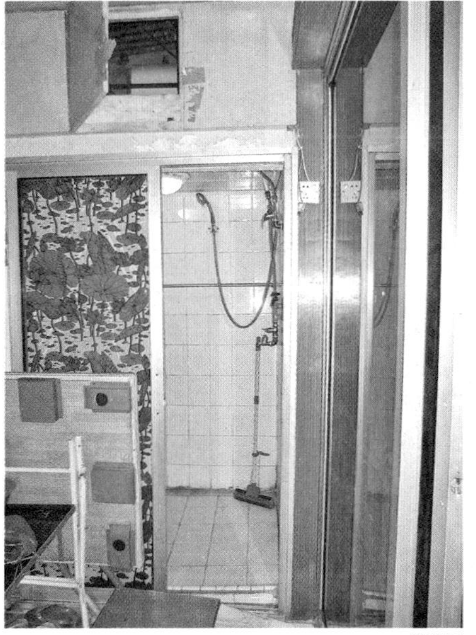

淋浴间

屋内的洗手池

2 原始空间分析

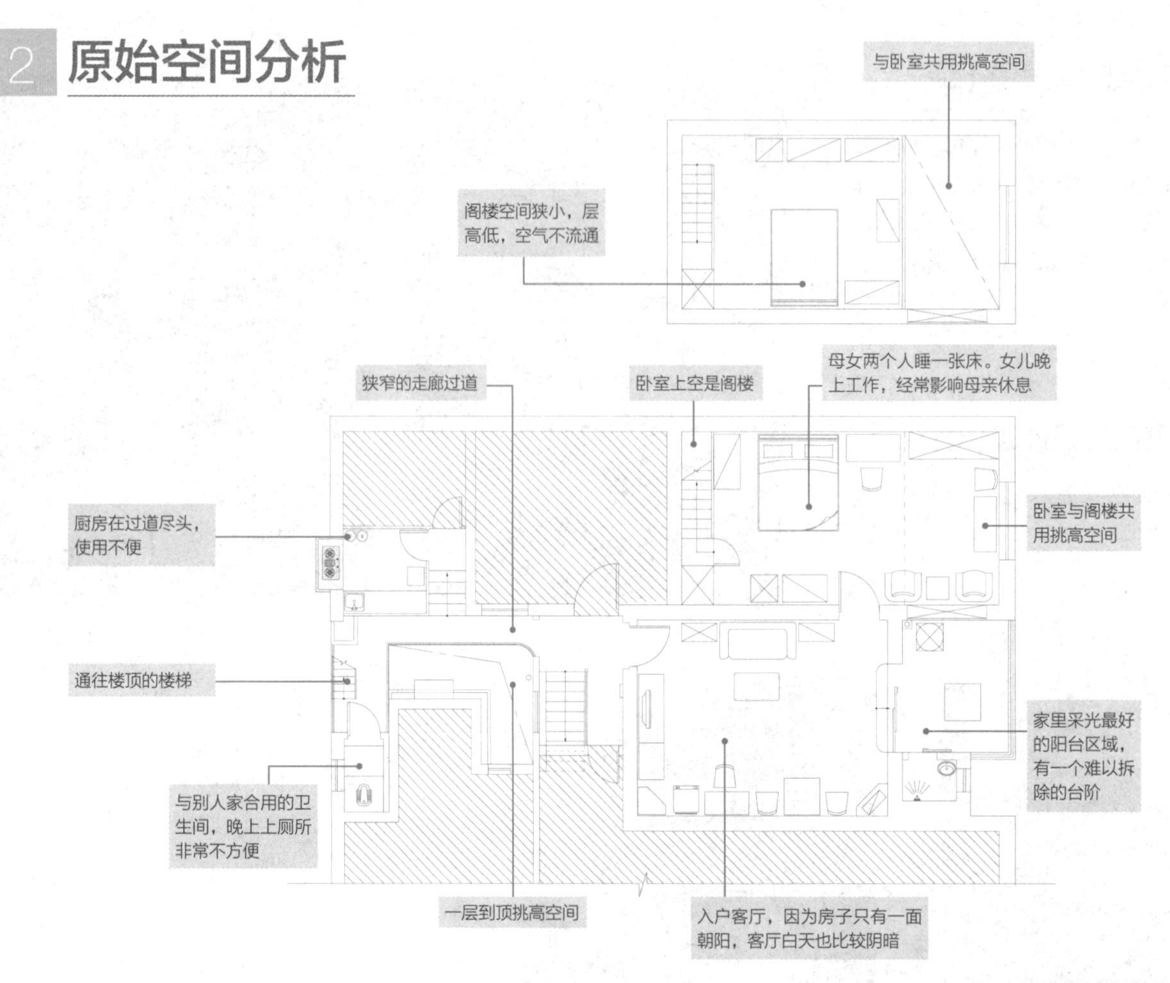

原始空间分析图

3 改造过程中

百年老屋，即使在清拆阶段，也需要特别小心。施工队首先要做的，就是要拆除原有不合理的结构，才能做进一步规划。由于原有的阁楼搭建位置偏低，施工队拆下了原有的木梁，留作他用。同时，将整个吊顶打开，考量整个房间的内空高度。

拆除不合理装饰结构

○将木梁裸露在外，并抬高阁楼的高度

屋顶的最高处有 6 米，但梁下的高度却只有 3.8 米左右。按照这个高度，仍然在原有的高度搭建阁楼，整个改造就失去了意义。设计师经过考虑决定将木梁裸露在外，并抬高阁楼的高度。 抬高的夹层仍然使用木结构进行搭建，在二楼打造了女儿的卧室。

梁下高度低矮

木梁裸露在外，抬高夹层高度

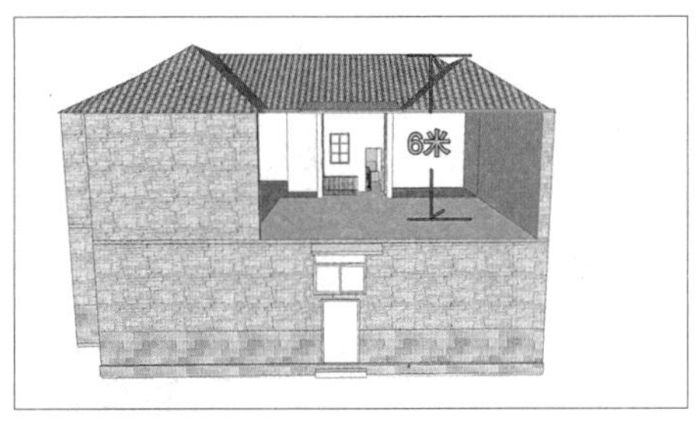

最高处只有 6 米

使用自重小的木结构，对老建筑的负荷小，从而减小了老建筑的承载压力

○划分空间

客厅位置俯瞰

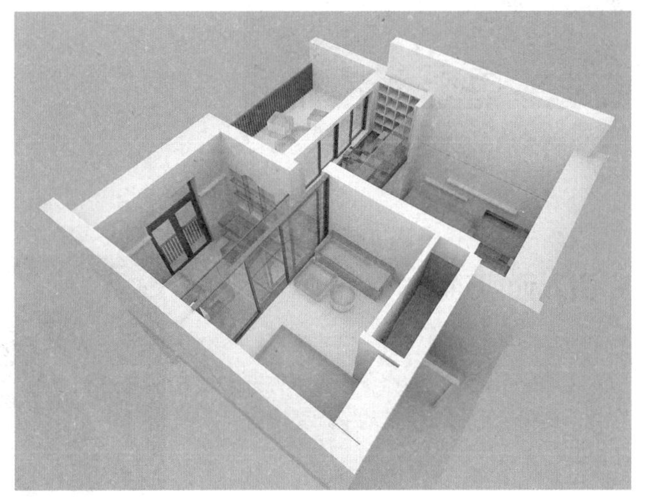

二层女儿房俯瞰

重新划分空间，楼上区域作为女儿的卧室，楼下则划分为客厅以及王女士和婆婆各自的房间。在两个房间中间的位置，设置了一个储藏室，并加装玻璃移门作为隔断，不仅方便王女士照顾老人，也最大限度地利用了空间。

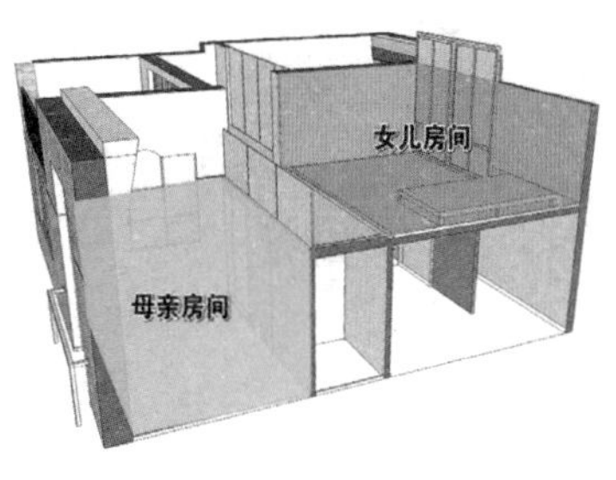

女儿房与王女士的房间相互联系

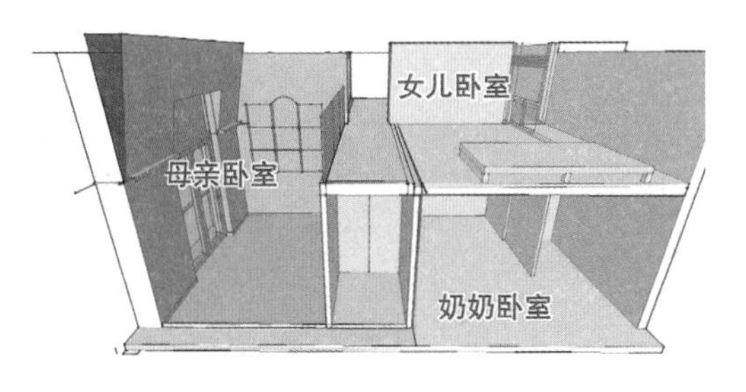

卧室立面效果

○利用内斜面营造温馨效果

原本的墙面是直上直下，空间非常高，但设计师为了营造温馨的效果，特地为部分高处的墙面做了内斜面，并对墙面肌理做了特殊处理。

女儿房与母亲房相互联系

○将二层楼梯挪到客厅

为了让空间的使用更为合理，设计师将通往二层的楼梯从原来的卧室挪到了客厅。同时，对于楼梯下的空间，设计师利用现在楼梯位置的门做了一个小的鞋帽储物间,方便了入口处出入的需要。

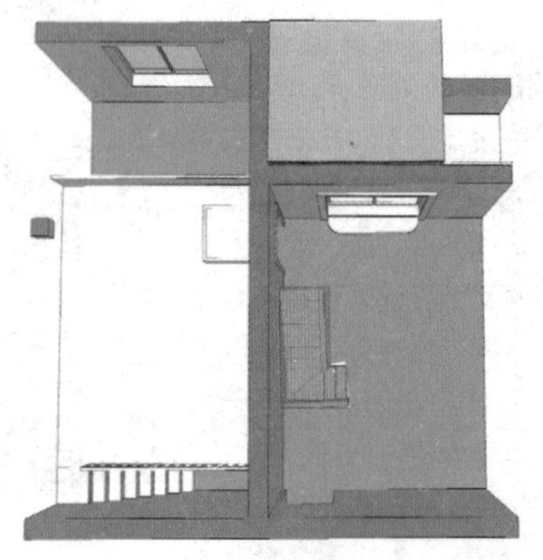

将原来的楼梯转移到客厅

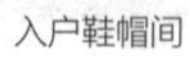

入户鞋帽间

利用楼梯下空间，设置洗衣机位置

○引入通风系统

为了改善房子的通风状况，设计师特别引入了通风系统，并为房子安装了中央空调，在每个房间以及储藏空间都设置了出风口。

出风口位置

○合理设计卫生间管线位置

排污管位置

按照事先的勘察，设计师安排了卫生间的管线位置。从旧的墙面做了排污管伸到下面的窨井。

在卫生间的细节上，设计师也动足了脑筋。洗手间做成无障碍形式，淋浴区域的高差非常小，让轮椅容易进出。为了淋浴区能够快速排水，设计师选用了一个较大的排水沟，这样可以快速地收集用过的水。

安装较大的排水沟

淋浴区地面高差非常小

○利用钢结构对两面墙体做支撑，将地梁移除

在老房子原本的结构中，朝南的一面有一个凹陷处，原本是为了增加整个南面采光的天井。但王女士所住的这栋房子，从一楼到二楼都早已进行了加建，家里的小阳台，是在一楼加建之后改建的，为了避免坐落在邻居楼顶上，与一楼顶面之间存在相当大的空间。

经过整体考虑，设计师计划将原有的洗澡间改造成卫生间，经过清拆，发现小阳台是一个整体的水泥平台，与客厅之间存在着 40 厘米的高差。小阳台与客厅之所以存在高差，是一道地梁导致的。 经过对相关资料的查证，以及现场的反复论证，发现地梁只是对左右两个墙面起到联系作用，并没有承重。

施工队现场焊制了一个钢结构，对两边墙体进行支撑，并在结构上铺以钢板。在保证整个结构绝对安全的情况下，将之移除，终于做到了整个平面的无障碍通行。

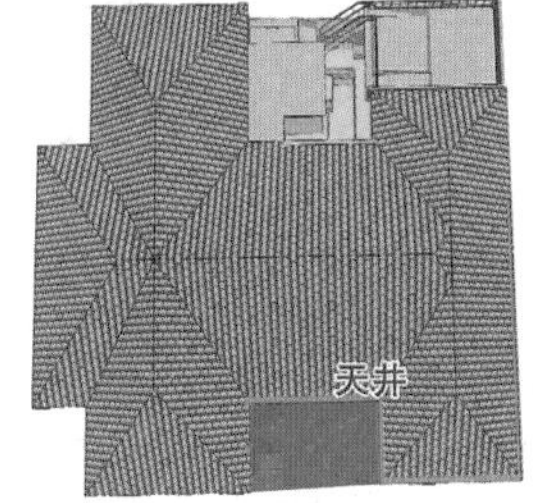

原建筑天井位置

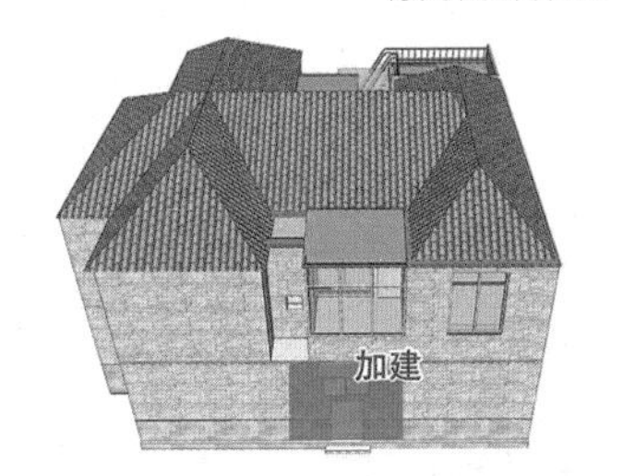

楼下加建建筑位置

利用钢结构对两面墙体做支撑，将地梁移除

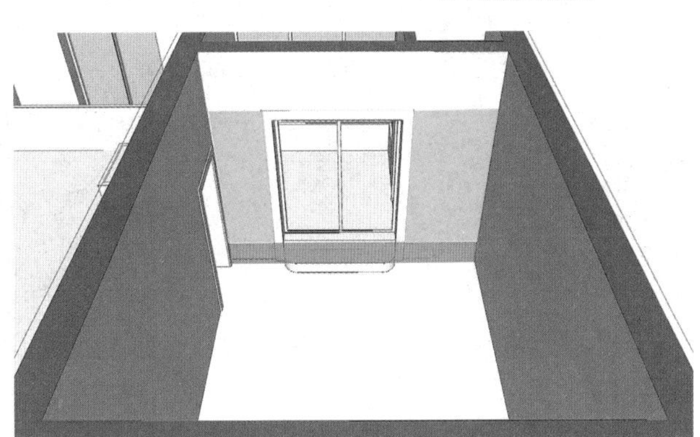
厨房地梁位置

○空中小露台

厨房的位置降低后，通过阁楼的空中走廊，正好可以方便地到达厨房顶部。在此处设计了一个通往外部的小露台。

○巧妙利用海吉布墙面材料

设计师采用了一种新型墙面材料——海吉布，它和普通壁纸的不同之处在于比普通的壁纸更加耐用和防潮。海基布如果受到损伤和破坏，只要再刷一层乳胶漆，就会和新的一样。同时，它也不怕霉点，比正常的壁纸使用更加便捷、耐用，而且经济。

海吉布

○巧妙利用木地板的特性，达到环保、色彩统一的目的

在材料的使用上，部分墙面使用木地板，避免了油漆气味污染，这样既环保又达到了色彩统一的目的。

木地板饰面楼梯

墙面采用木地板饰面

○客厅上方为女儿安排了一个工作空间

屋主家一层的平面完成，也就意味着阁楼获得了更多的层高空间。女儿作为一个平面设计师，经常在家工作。设计师特别在客厅的上方为她预留出了一个工作空间，形成了一个木结构贯通的空中走廊。

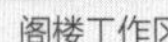
阁楼工作区

客厅走廊上的工作区

○解决邻居家油烟排放的问题，营造良好的走道环境

邻居家厨房侧面

影响环境的抽油烟机

油烟分离的抽油烟机

油烟以气体的形式排出

在这个公共空间中，另一个令人头痛的问题是邻居家的油烟排放，直接影响着整个环境。在邻居同意的前提下，设计师为其加装了一个油烟分离的特殊油烟机。

○改造中庭空间

在征得邻居同意后，设计师开始改造公共空间。换上了新雨棚后，设计师取下了旧栏杆，利用细密的钢筋作为平台，既保证了楼下采光，又增加了整个公共空间的使用面积。

钢筋平台

中庭平台位置

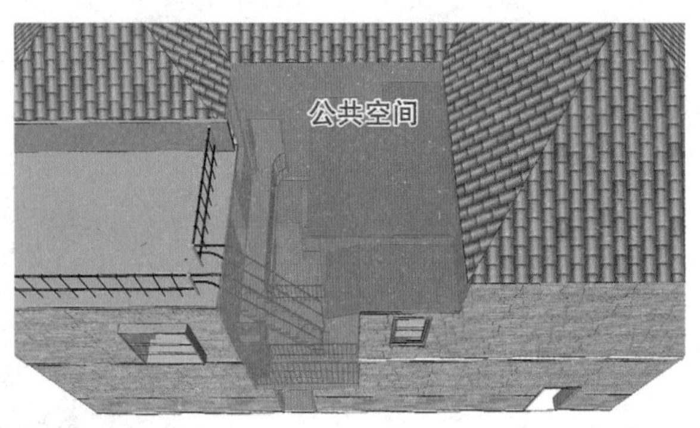

改造中庭空间

装修小贴士

• 油烟分离灶台

油烟分离灶台是通过风机上的钢丝，让油烟通过旋转的钢丝面，把油打在钢丝上，然后甩到油槽里，油打到油槽以后，风吹出去就只有气体没有油烟。

• 海吉布

海吉布是一种新型的墙面装饰材料，是继白垩、壁纸、石材、涂料后的第五代墙面装饰材料。它将各类材料的优点集于一身，被装饰专家们赞誉为“建筑装饰材料的一场革命”，是设计师梦想中的材料，也是人们崇尚典雅、追求自然的真实流露。此外，用100% 石英编织而成的海吉布是天然的不燃材料，具有非常好的防火性能。

4 改造前后平面图对比

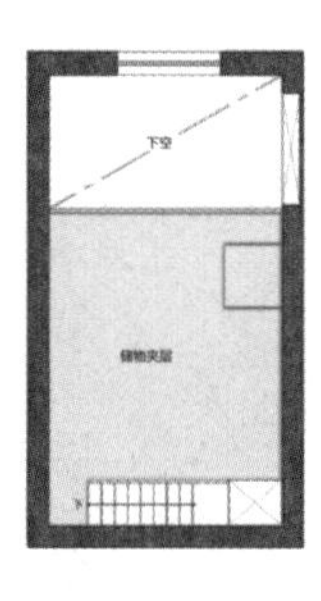

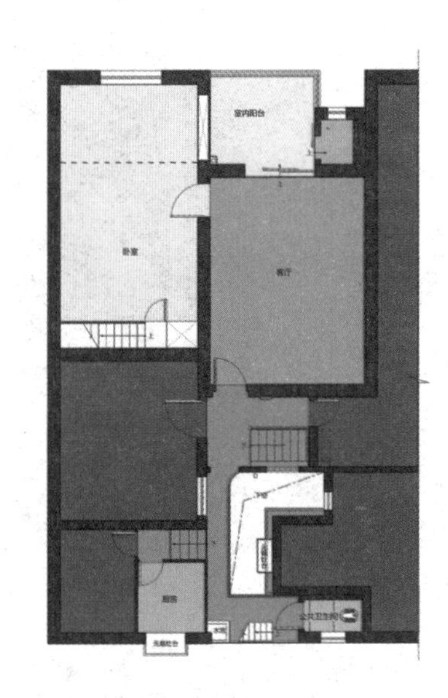

改造前平面图

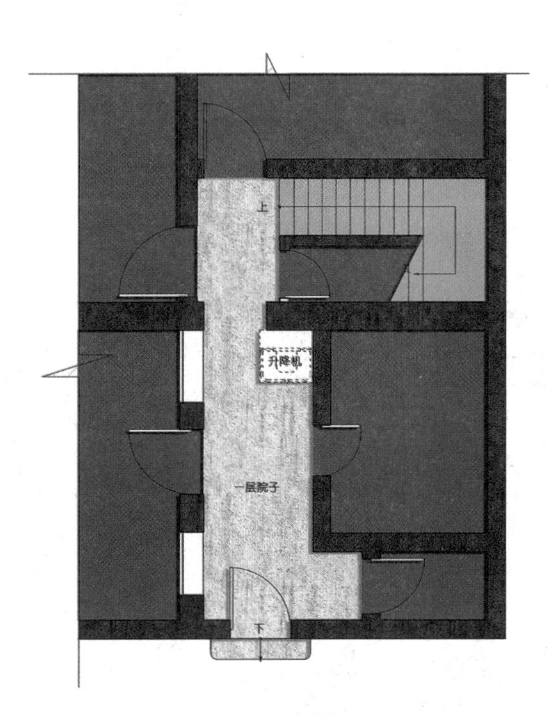

改造后入口走廊平面图

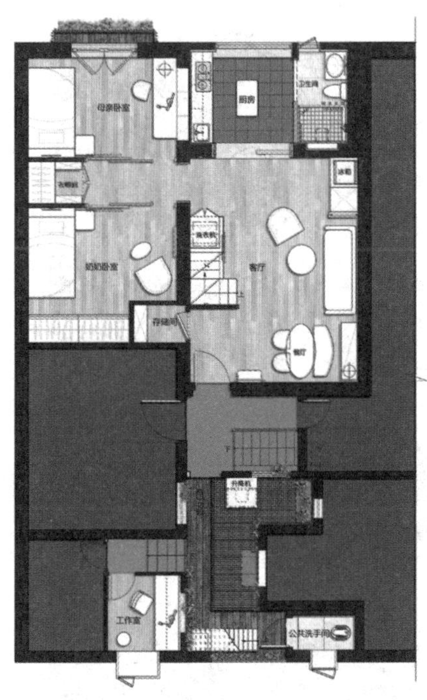

改造后二层平面图

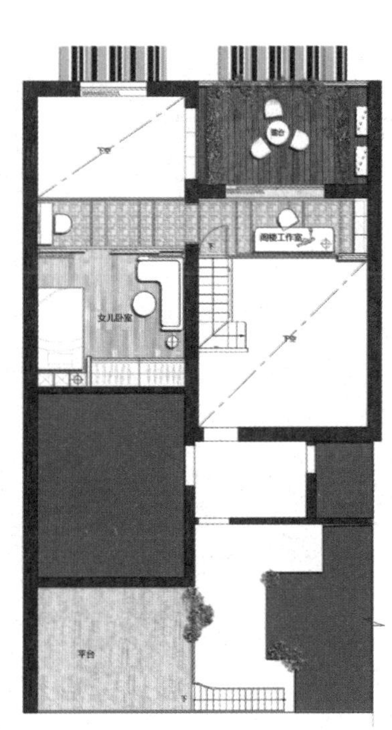

改造后阁楼平面图

5 改造后成果分享

○一层入口

经过两个月的施工，造型独特，又与百年的外墙相得益彰的外立面，让整座老房子焕发了青春的活力。崭新的公共空间一扫以往的颓废气息，加装的灯光让楼梯间不再黑暗，二层天井更成为了一个便于通行的明亮空间。

改造前入户走廊

一层大门入口

入口走廊

入户楼梯

○二层天井

改造前中庭

二层中庭安装了自动灌溉的系统，可收集雨水，方便浇花、浇菜

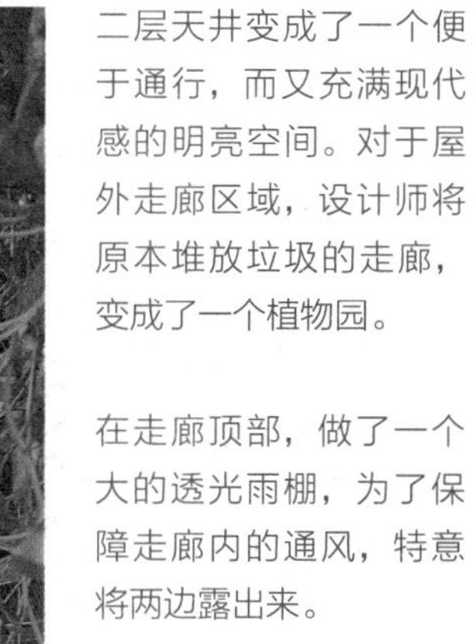

二层天井变成了一个便于通行，而又充满现代感的明亮空间。对于屋外走廊区域，设计师将原本堆放垃圾的走廊，变成了一个植物园。

在走廊顶部，做了一个大的透光雨棚，为了保障走廊内的通风，特意将两边露出来。

中庭上做了大的雨棚，为了保证通风，设计师将雨棚两边露出来

中庭通往屋顶的楼梯

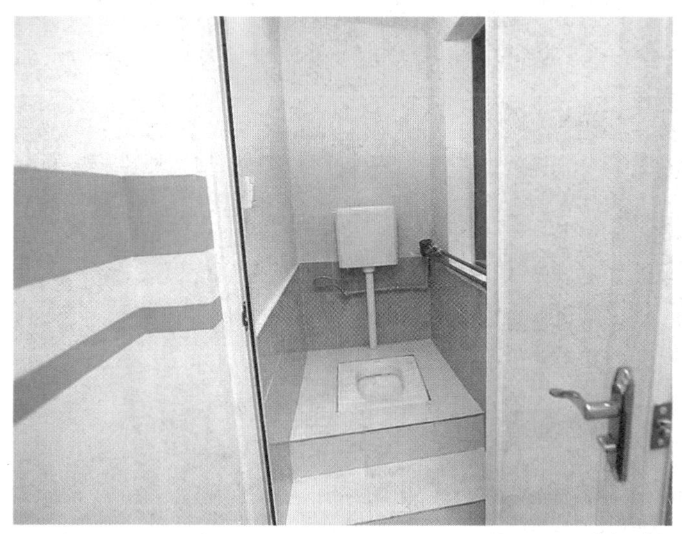

中庭卫生间

利用细密的钢筋作为平台，既保证了楼下采光，又增加了整个公共空间的使用面积

○客厅空间

室内明亮而柔和的自然采光、简洁而温馨的色彩运用，让整个空间显得极为通透。

改造前客厅

楼上工作空间与楼下客厅空间可以相互交流

设计师手绘的开关装饰

客厅灯饰

利用楼梯下的空间放置洗衣机

清新雅致的餐厅

入口处的换鞋凳与方便老人抓握的扶手

入口步入式衣帽间

楼梯成为整个空间的亮点，既起到了玄关的作用，又联系着整条美丽的玻璃长廊。

木地板上墙，不仅色彩上与室内相协调，而且免去了上油漆的工序，达到了环保的目的

楼梯下可拉伸的抽屉，获得了更多的储物空间

隐藏的衣帽间，里面可以存放更多的鞋子和包

○女儿的工作室

设计师利用原来的中庭厨房空间，为委托人的女儿设置了一间工作室，打开窗户，就是外面的小花园。

墙上挂满了女儿的设计作品

女儿的独立工作室，在这里可以接待客户

工作室外的景观

○为奶奶安装的液压升降机

设计师装了一个方便奶奶以后上下楼的液压装置升降机。

方便操作的升降梯，奶奶以后再也不用爬楼梯了

奶奶能够简单操作的升降梯

一层入口处的升降梯

○厨房空间

设计师在厨房设置了一个带轮子、可以移动的中岛台面，方便奶奶坐着轮椅进入厨房，而不受限制。

大面积的玻璃移门，让客厅到厨房、卫生间的无障碍通行成为可能

消除了之前阳台和客厅的高差，方便老人进出厨房

可以移动的中岛台面解决了厨房空间狭小、老人轮椅进出厨房不便的问题

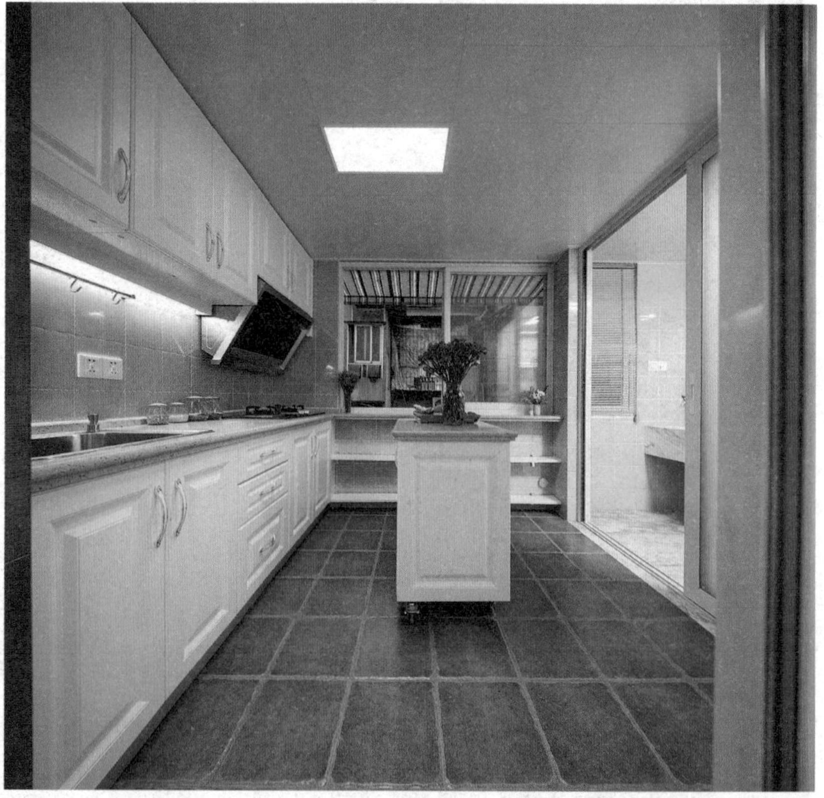

中岛的设计解决了厨房台面不够长的问题

○卫浴间

卫生间设置了方便老人坐下和起身的扶手，淋浴间与洗手间之间的无障碍设计，让轮椅容易进出。

卫生间全景

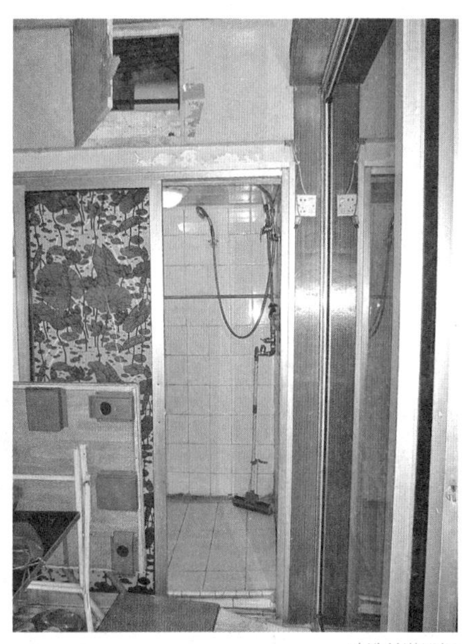

改造前淋浴间

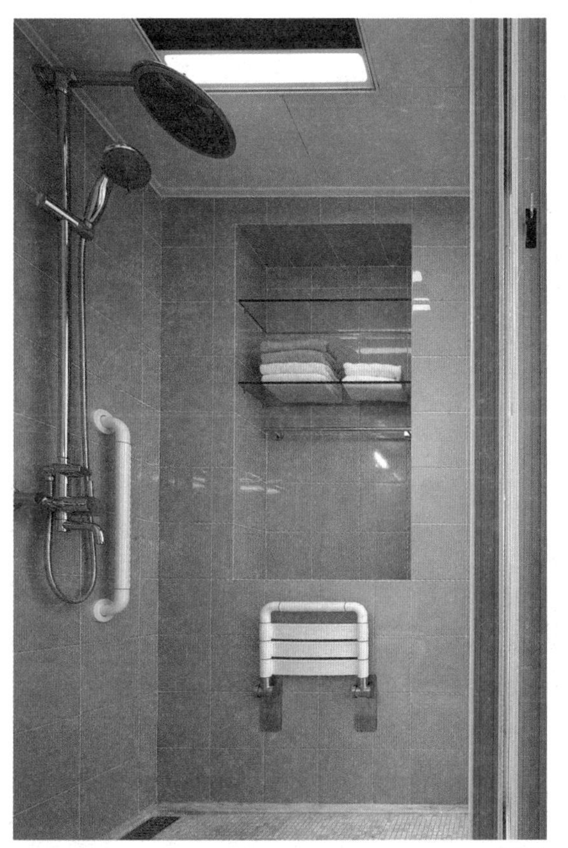

淋浴间

因为家里有老人，卫浴间做成无障碍地面，淋浴区高差非常小，方便进出

为了加快淋浴区的排水，设计师选用了一个较大的排水沟，这样就避免了污水的淤积

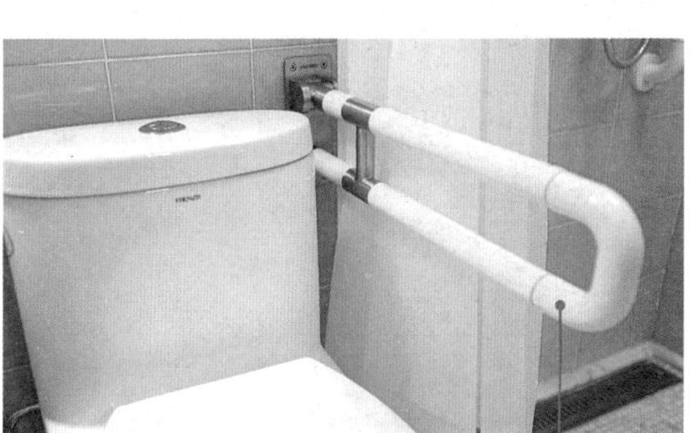

方便老人坐下、起身的坐便扶手

○卧室空间

三个人的房间既相互联系，又各自独立，方便相互沟通与照顾。

改造前阁楼

走廊尽头，安装的组合装饰画隐藏了门后的储物柜

老人房间设计沉稳而大气，除了满足基本的储物功能外，在躺椅的位置设计师还安装了可以辅助坐起的扶手

老人房间与王女士房间相互联系的玻璃移门

透明的隔帘保证了隐私

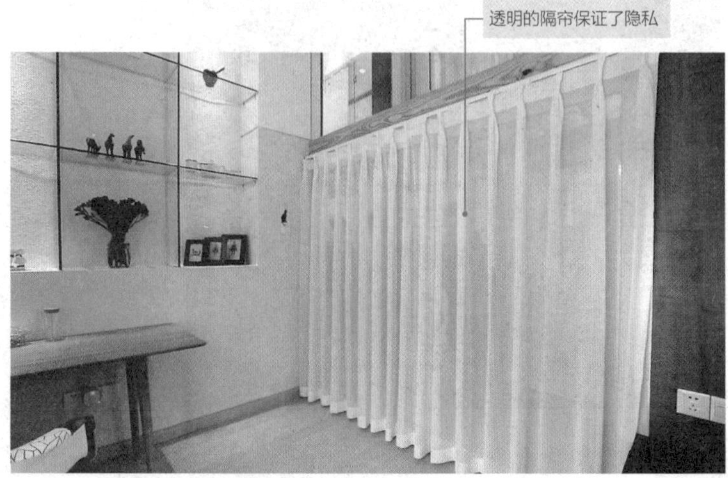

宽敞的卧室空间方便招待朋友来访

大面积玻璃镜面的运用，在视觉上扩大了空间感

女儿床头上方的书架，方便阅读

女儿房与王俊文的房间相互联系

王女士的房间

女儿卧室外方便梳妆的梳妆台

○露台

通向外面的小露台，为这栋闹市之中的老房子带来了阳光与活力。

二楼设置的女儿工作空间，既保证了她的独立空间，又与全家人的主要活动区域相联系，方便家人交流。

二层工作间与二层女儿房相连的走廊

客厅上部为女儿的独立工作室

露台的改造，对于整个空间来说是一个充满意义的地方

厨房的位置降低后，厨房的屋顶变成了可以上人的露台

一家人可以在这里喝茶、看书、享受生活

○设计师个人资料

陈彬

大学教授，城市记忆设计研究者
ADF 后象设计师事务所创始人
中国建筑装饰协会设计委员会委员
中国陈设艺术专业委员会副主任委员

荣誉奖项

英国 Andrew Martin 国际室内设计大奖
德国 iF 设计大奖
中国香港 APIDA 亚太室内设计大奖
CIID 学会奖、现代装饰国际传媒奖
2015 年度中国室内设计周“室内设计十佳人物”

杭州 24 平方米断桥老宅
三人空间完美呈现

断桥边的家

○基本资料

- 地点：杭州
- 房屋面积：24 平方米
- 家庭成员：委托人陈女士和两个儿子
- 装修总造价：17.2 万元
- 设计师：沈雷

北山路上的这栋美丽的老房子，曾经是陈女士丈夫所在工厂的宿舍。在这里过日子，最简单的家务都是体力活。房子的二楼没有上下水，烧饭、洗衣都要在楼下进行，洗好再端上楼去，一天总要上上下下几十趟。老房子没有卫生设施，每天早上在如画的风景中倒痰盂，也是这里家家户户的习惯。当初，每天上上下下的家务事，都是陈女士的老公一手包办，可十二年前，他突然遭遇车祸去世。如今，陈女士靠着内退时的一些退休工资，以及在门口摆摊做些游客的小生意，支撑着这个家。

1 房屋状况说明

这座“愎居堂”的老建筑，建于民国年间，是典型的中国传统木结构建筑。陈女士住在阁楼的东面，实际上只有一个24平方米的房间，被隔成了客厅和两个儿子的房间。

改造总费用 17.2 万元		
硬装花费	材料费：10.2 万元	15.2 万元
	人工费：5 万元	
软装花费	2 万元	
其他花费	由爱心企业赞助	

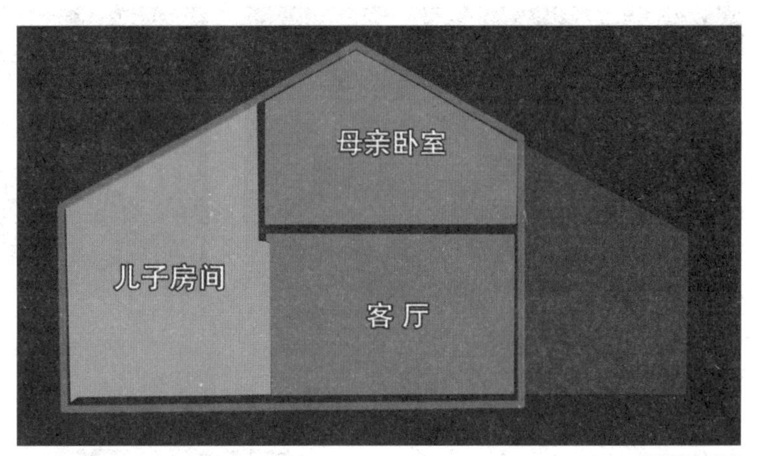

房间分布立面

黑暗、狭小的客厅空间

○客厅空间狭小

只有二十几平方米的二层空间被分为了客厅和两兄弟的房间，客厅活动空间很小，平常一家人的吃饭都在这里进行。

○两个儿子都需要独立空间

陈女士的丈夫去世后，大儿子谢剑离开了学校，开始独自在外打工。高低床上铺堆满了杂物，大儿子回来也只能睡在折叠床上。陈女士一直希望大儿子能搬回自己身边，但小儿子也快要成年，而且正在读高中。功课重的时候，这个狭小的空间和高低床，显然无法满足两个大男孩的需求。

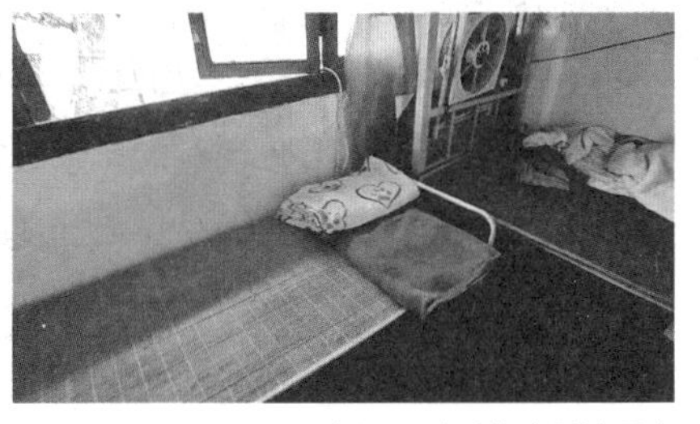
大儿子回来时临时睡的折叠床

阁楼上为陈女士的房间

两兄弟的窗户临街，窗户不隔声

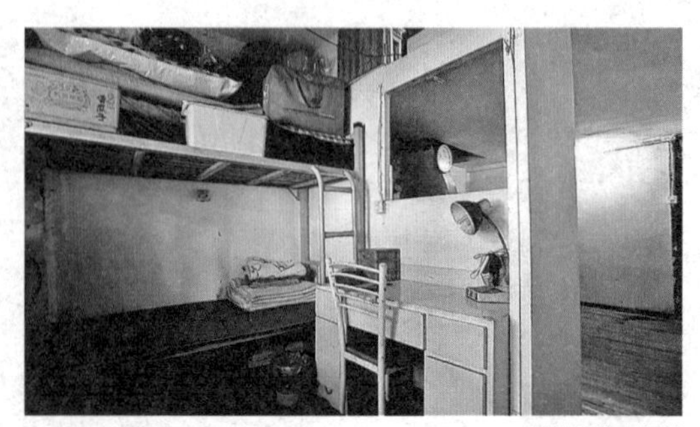

兄弟俩的高低铺

堆满了杂物的上铺

陈英睡在阁楼上

○窗户变形，保温、隔声、防水效果差

临街的窗户由于年久失修，无法关紧，既不保温，也不隔声。由于房子就在北山街旁，每天车流量大，到了晚上也会很吵，影响休息。

已变形的窗户

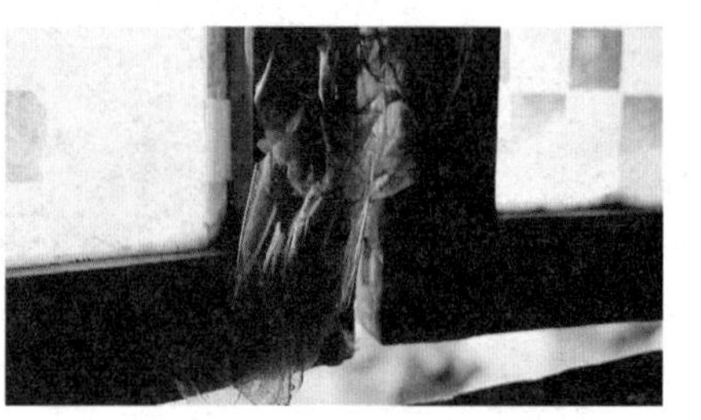

用透明胶纸固定窗户

晾衣需要拿到阁楼

房屋没有上下水，喝水、用水要从陡峭的楼梯拎上来；使用过的脏水也要拎到楼下倒掉，非常麻烦。

○房子没有上下水，洗衣、晒衣不方便

由于没有上下水，陈女士大部分时候只能在院子的水池里手洗衣物，再拿到阁楼的小窗晾晒，每次洗衣服都非常麻烦。

脏水需要端到屋外倒掉

○楼下厨房使用不便

陈女士的厨房在楼下，狭小拥挤、排风不畅，而且没有水，只能在院子里洗菜、切菜，做好菜要端到楼上，吃完饭再端下来刷洗，动线十分不合理。

狭小厨房在一层入口处

厨房储物空间小

在院子里洗菜

在院子里切菜

○无法种植绿植

一楼院子公共角落种的辣椒

二楼种的丝瓜

陈女士喜欢种植花花草草，在二层的窗台外种了丝瓜，在院子里的公共角落也种了不少植物，能拥有一个属于自己的小花园始终是她的愿望。

○缺少卫浴设施

夏天洗澡可以在院子里的板房冲凉，到了秋冬就只能到外面的浴室解决。事实上，整座老房子里的十几户人家，都没有卫生设施，靠使用痰盂维持。在为陈家解决卫浴问题的同时，是不是能够为整座院落的人们设置一座公用卫生间呢?

板房内部

在淋浴间完成洗漱

院子板房里的洗澡间

因为没有卫生间，白天到附近上公厕，晚上使用痰盂

2 原始空间分析

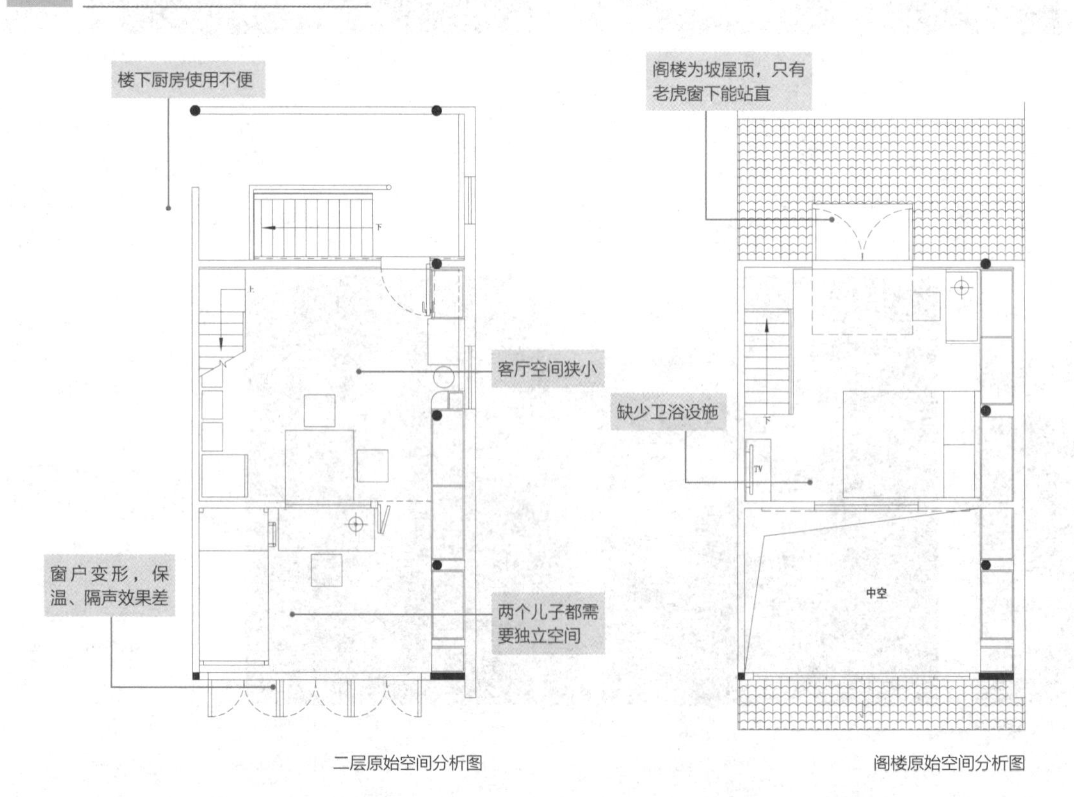

二层原始空间分析图

阁楼原始空间分析图

3 改造过程中

○拆除屋内旧装饰，还原房屋内部结构

施工队首先拆除了加装在老房子内部的柜子等杂物，露出原本的结构。同时，打开了屋内朝向西湖方向的吊顶和隔断，加大了阁楼的采光面，并露出了内部的结构。

拆除后客厅全景

拆除阁楼内部装饰

已经腐烂的柱子

○利用钢结构加固房屋

由于老房子已经出现了一定程度的变形，施工队用钢架对整座房子进行了支撑，并将钢架延伸到了一楼的厨房，同时替换掉腐烂的木柱，此做法相当于用钢结构对变形的墙体和地面做了重新整理，保证了整体结构的安全。

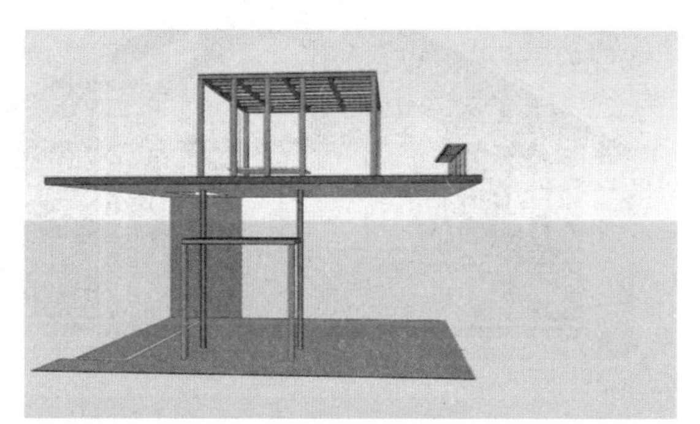

利用钢结构，加固连接一层与二层空间

钢结构连接点

二层阁楼钢结构楼板

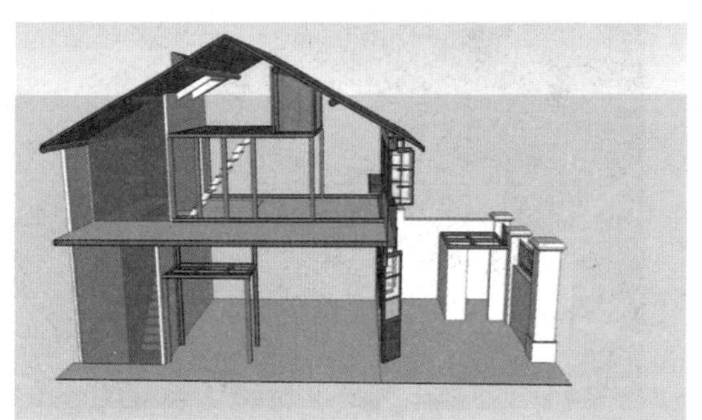

钢结构布局图

○重新规划空间

两兄弟的卧室位置

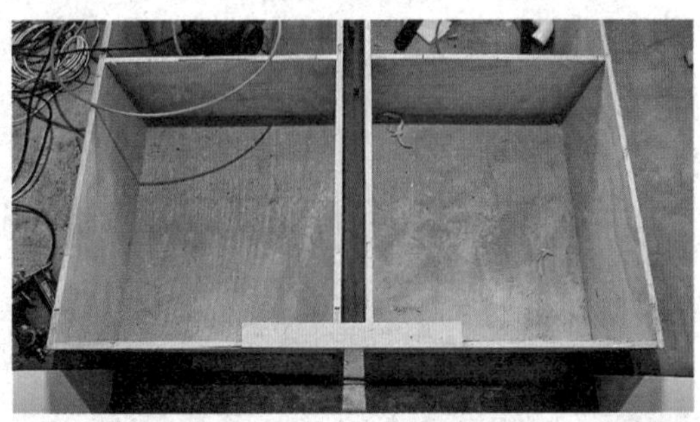

两兄弟房间地台下的收纳空间

窗前的书桌

钢板搭建老虎窗

房间的宽度为 3.9 米，长度为 5.7 米，在面积仅有 20 平方米、层高优势并不明显的情况下，委托人仍然希望把一楼靠窗的位置留给两个儿子。利用榻榻米式的地台做法，设计师合理地解决了小空间内的布局问题，地台下作为主要的收纳空间，而靠窗则用翻折的钢架做成了书桌。

楼上仍然保留作为母亲的空间。楼上的老虎窗朝向美丽的宝石山，另一面则朝向西湖，风景优美，美中不足的是梁下高度只有 1.4 米，无法正常通行。对于这栋民国时期的老房子，如果挪动梁，势必危及到整个屋顶乃至房子本身的安全，因此只能采用老虎窗式的做法，让女主人在窗前可以站立。

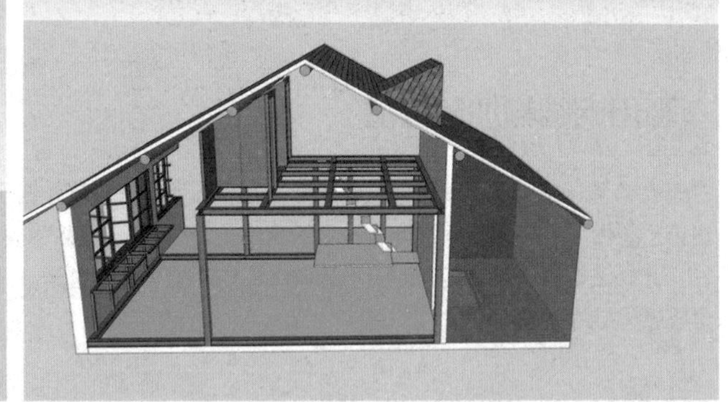

二层阁楼开窗位置

坡屋顶处开老虎窗

○搭建阁楼

拆掉表面后，经过测量，这套房子的最高处有 4.15 米，最低处是朝向西湖的墙面，仅有 2.2 米高。为了保证使用的舒适度，设计师在 2 米左右的高度用钢结构重新搭建了阁楼。

通向阁楼的楼梯，设计师采用了非常新颖的做法，全部用钢板弯折焊接，并固定在房子的钢结构上面，不再需要额外支撑。

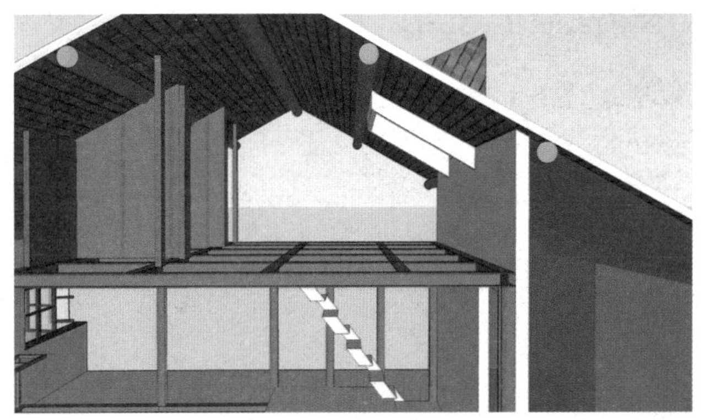

利用钢板搭建二层卫生间、淋浴间、老虎窗

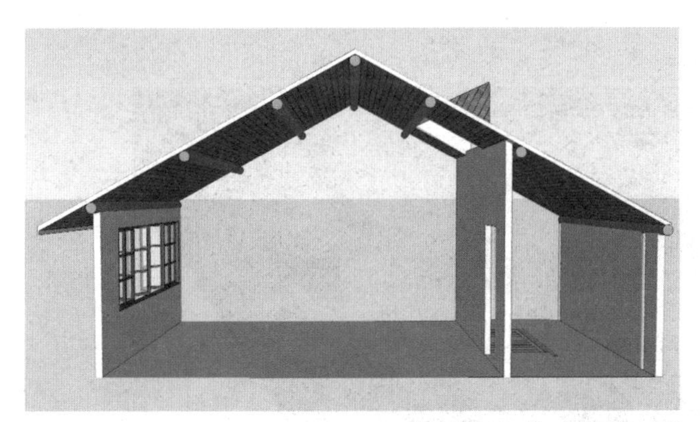

最高处有 4.15 米，最低处有 2.2 米

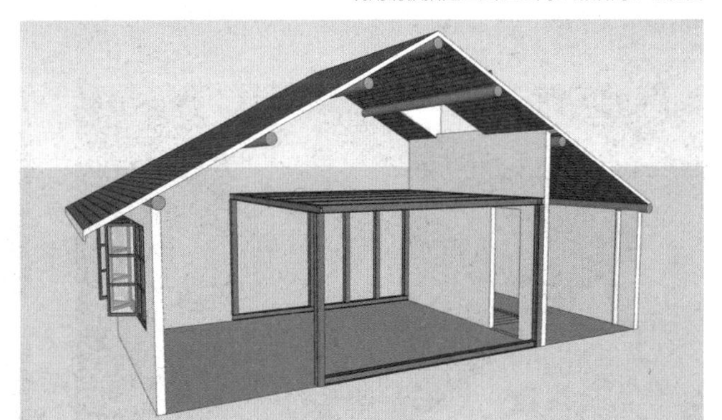

用钢结构搭建二楼

○阁楼安装卫生间

二层卫生间马桶下水位置

设计师将卫生间放置在阁楼，同时焊接了两个一体化的钢板箱体，在楼板下的柜体中加装了隐藏式的污水集中处理器，并利用钢结构中的管线井，彻底解决了供水、排水和排污的问题。

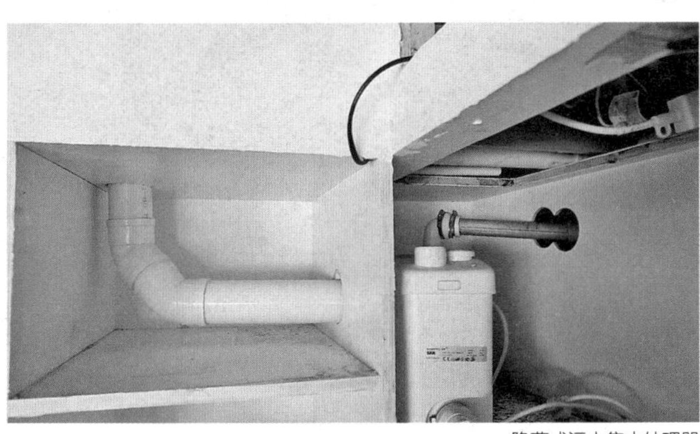

隐藏式污水集中处理器

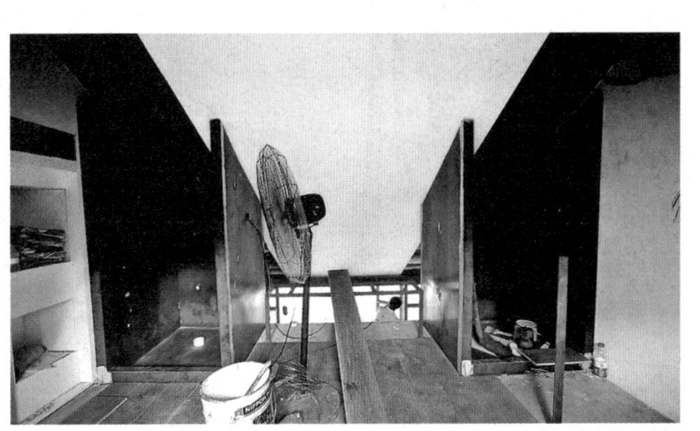

在阁楼安装卫生间

○屋内安装水电管线

原本老房子没有上下水，因为楼板有裂缝，非常容易向一楼住户漏水。设计师决定重新铺设地面，并进行防漏处理；同时充分利用钢结构，将所有的水电管线都从钢结构内部通行，这样既不占用空间，又拥有比较好的密封度和安全性。

所有的水电管线在汇总之后，与特别安装的电热水器共同隐藏在老柱子后面的柜体里。利用老房子二楼天然外挑的部分，解决了管道入户和出户的问题。

不占用空间的管线铺设

所有水电管线都从钢结构内部通行

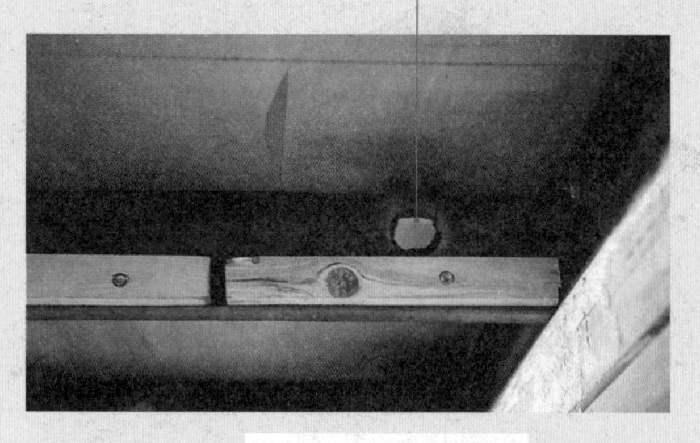

利用建筑外挑部分解决管道入户和出户的问题

管线隐藏在老柱子后面的柜体里

管线出户

重新铺设木地板，并做防漏处理

○改造棚屋作为公用卫生间，供院子里的居民使用

开挖地面并铺设管道，将污水排入院子里的市政污水井，排污问题得以解决。将原来的棚屋改造成公共卫生间，设计师希望这里能够为院子里的居民所共用。

将原来的棚屋改造成卫生间

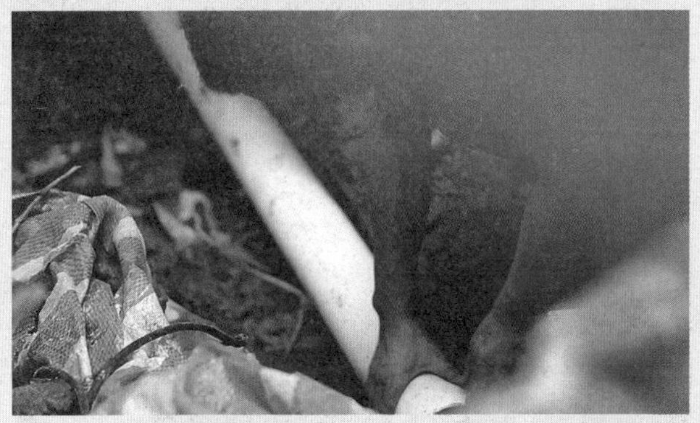

开挖地面并铺设管道

○通过保留家中原有的东西，在新旧房子之间建立联系

作为一座具有百年历史的老房子，在它的历史风貌保存方面，设计师除了对朝向西湖的木窗修旧如旧之外，还要求工人保留了房梁上的旧报纸和保存了多年的老火腿，并用亚克力式的玻璃封存，以此作为对过往记忆的保留，在老房子和改建后的房子之间建立联系。

保留贴在房梁上的旧报纸

将家中原有的老火腿作为装饰

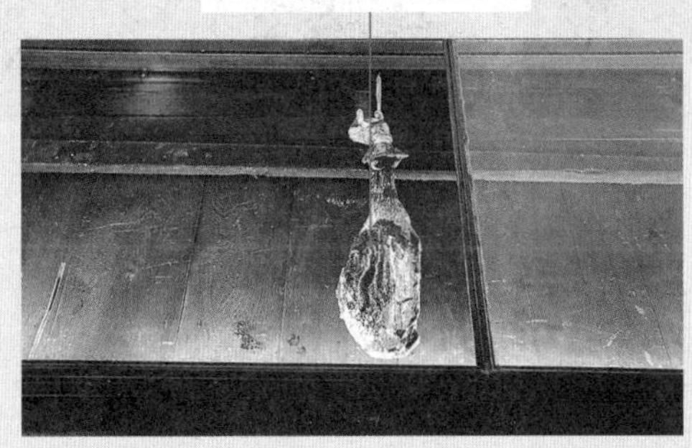

木窗修旧如旧

保留满是钉子的墙面作为装饰

○解决储物问题

在储物空间方面，由于柱子保留在了原有的位置，设计师决定将它和储物空间结合起来。利用柱子与墙的 40 厘米距离，在一楼制作了整体的柜子，而在二楼，则利用梁架间的小块空间，制作了放入式的柜体。同时，在楼梯下的位置也做了一个带抽屉的地台，方便使用。

阁楼上的放入式柜体

利用楼梯下空间储物

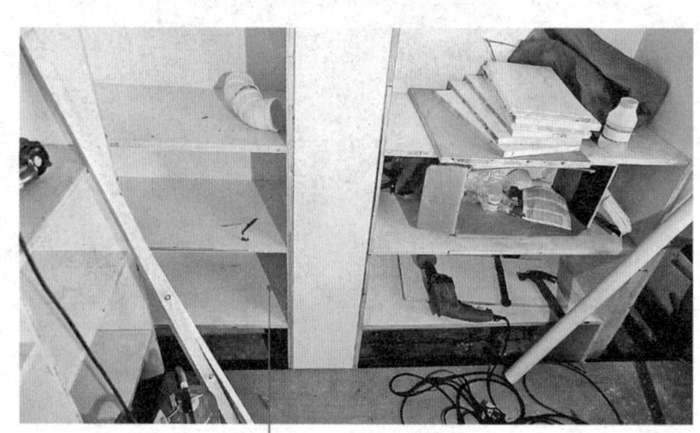

制作阁楼柜子

利用阁楼柱子与柱子之间的 40 厘米距离制作柜子

楼梯下带抽屉的地台

○利用钢板搭建楼梯

利用钢板搭建阁楼楼梯

4 改造前后平面图对比

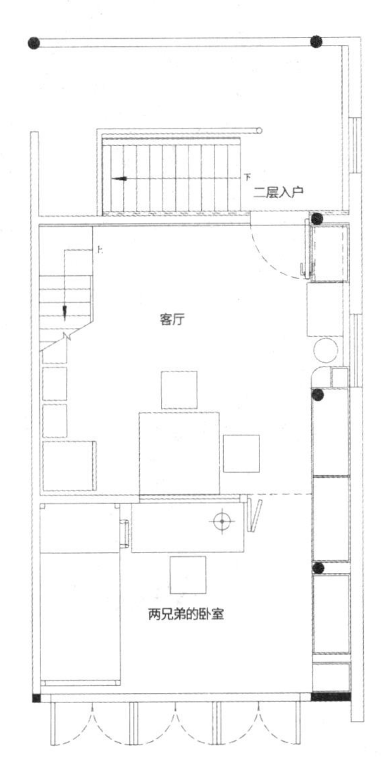

改造前二层平面图

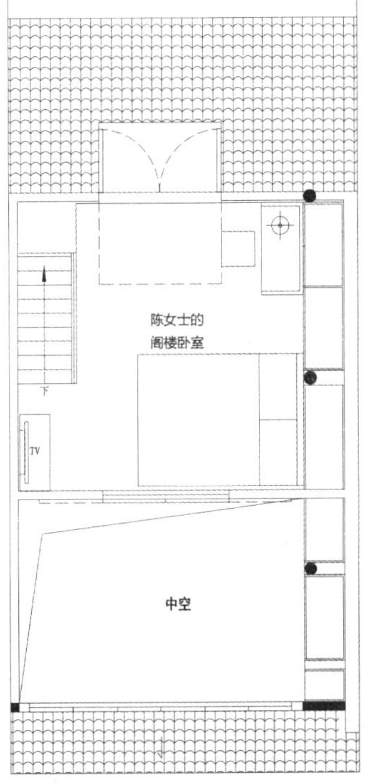

改造前阁楼平面图

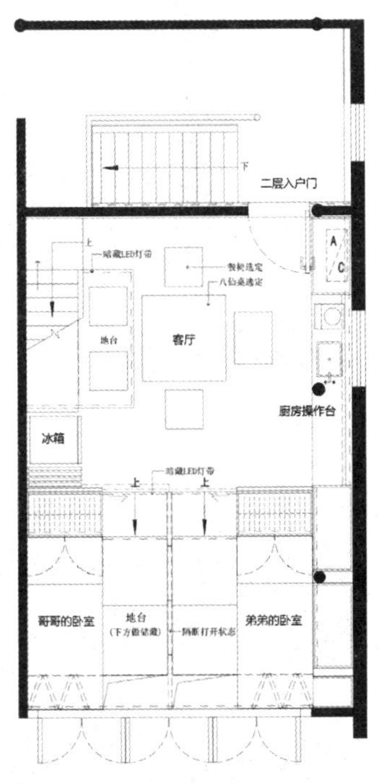

改造后二层平面图

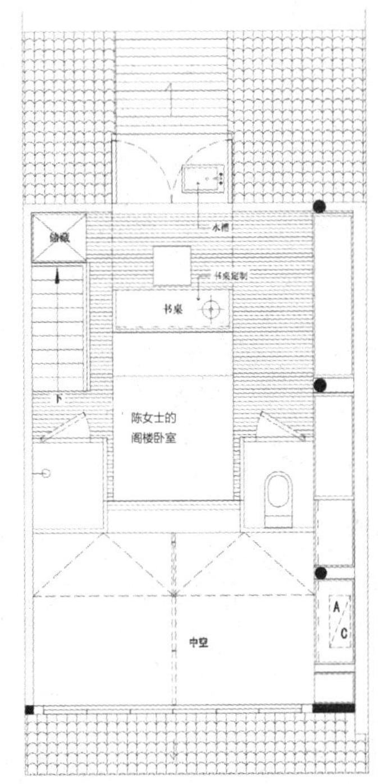

改造后阁楼平面图

5 改造后成果分享

○开阔通透的客厅

通体白色的设计，让窗口外西湖的景色成为整个房间最美的装饰品。客厅加装的镜面使得整个空间开阔而通透。

客厅与卧室之间使用了悬挂式滑轨的轻质隔断，无纺布的材质既隔绝视线，又有着良好的透光性。

简洁的开放式厨房、富有时代感的裸露的柱体、带有特殊记忆的老物件，连接着这个家的过去与未来。

改造前客厅

客厅全景

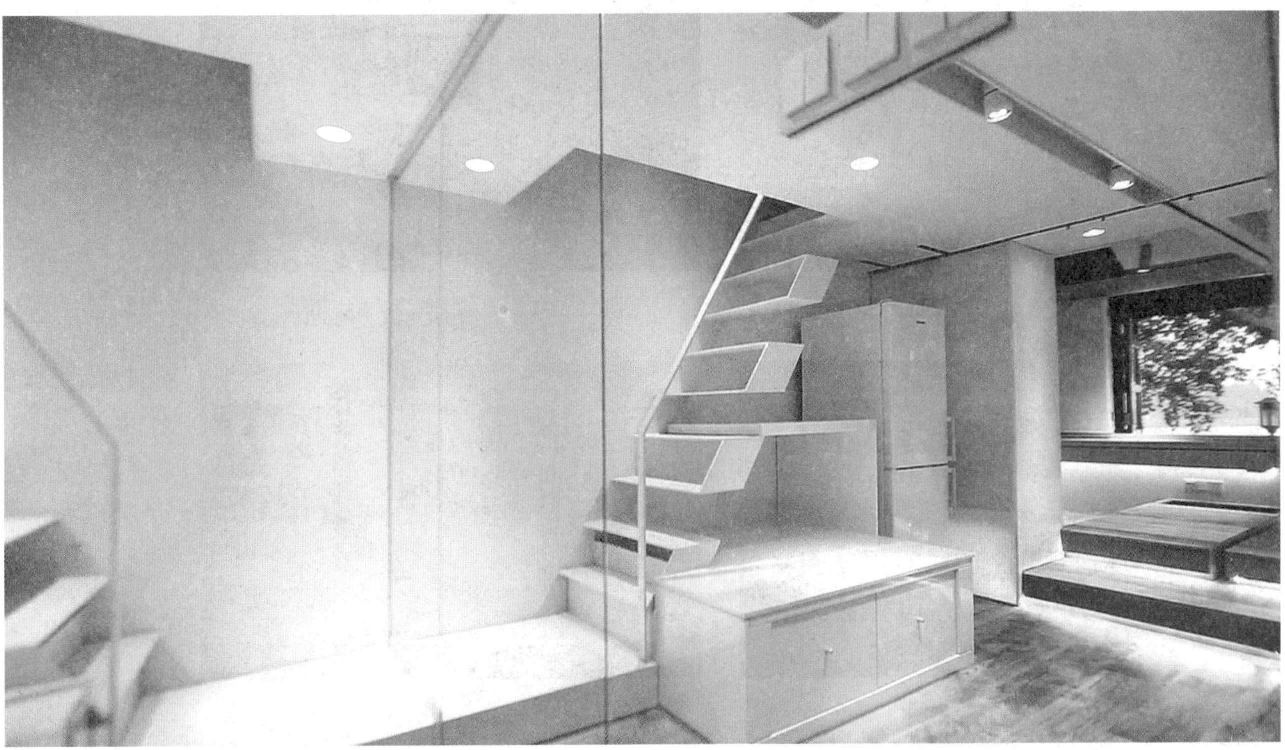
客厅镜面延伸了室内的视觉效果

卧室与客厅间的轻质隔断

保留的老物件

利用钢板搭建的楼梯

餐凳

○两兄弟的房间

两兄弟的房间通过悬挂式轨道的轻质隔断，可以轻松实现各自的独立空间。可以调节的空间里白色窗户犹如画框，将视觉焦点都留给了西湖的美景。

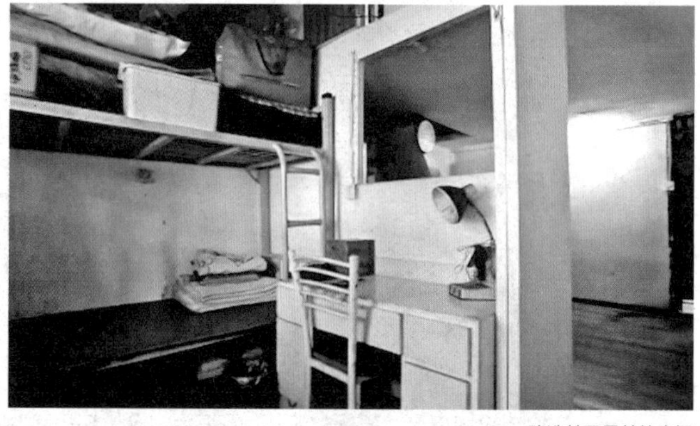

改造前两兄弟的房间

悬挂式轨道轻质隔断

两兄弟房间

书桌下的空间

哥哥的卧室

设计师利用原有柱子与墙之间的 **40** 厘米距离，设置了大量的储物柜，满足储物需要。

弟弟的卧室

无纺布代替窗帘

窗前两兄弟的书桌

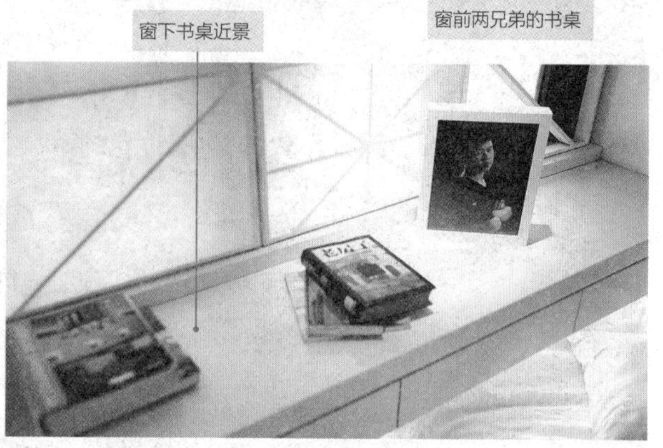

窗下书桌近景

无纺布窗格代替窗帘，通透性好。双层窗户拥有更好的隔声和保温效果。地台式房间，有着各自的写字桌，特地预留的空间在让双腿下垂更舒适的同时，兼具储物功能。

利用隔墙满足储物需要

大量的储物柜

两兄弟房间的灯光布局

○功能齐全的阁楼

一道精巧又富于现代感的楼梯通向阁楼，阁楼上面选用了温馨的色调，是女主人自己的小空间。

时尚简洁的阁楼楼梯

改造前阁楼

卧室

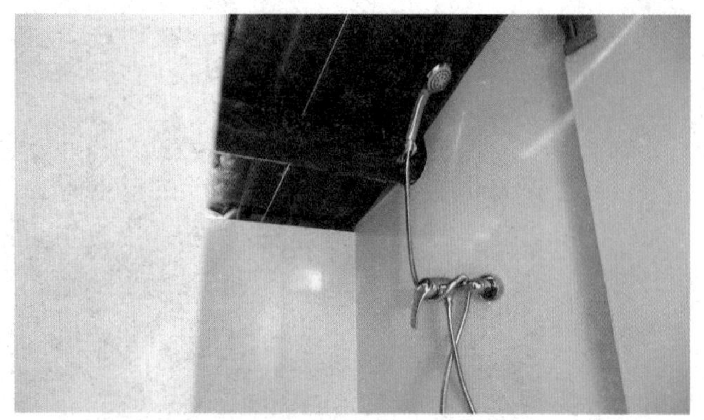

淋浴间

卫生间

加装的卫浴设施让生活极为方便。顶面芦席与吊顶的特殊处理，展示着传统与现代感的冲撞与完美融合。

卫浴顶面经过特殊处理的芦席

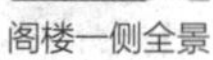
阁楼一侧全景

活动的顶面隔断，让两个儿子与母亲的空间既相互隔开，又方便沟通。

顶面隔断关闭状态

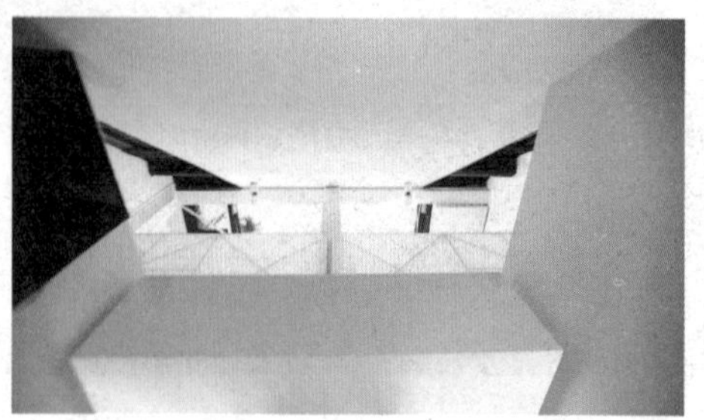

顶面隔断打开状态

利用老虎窗高度，为女主人设置了一个书桌，让女主人可以享受一个人安静的时光。

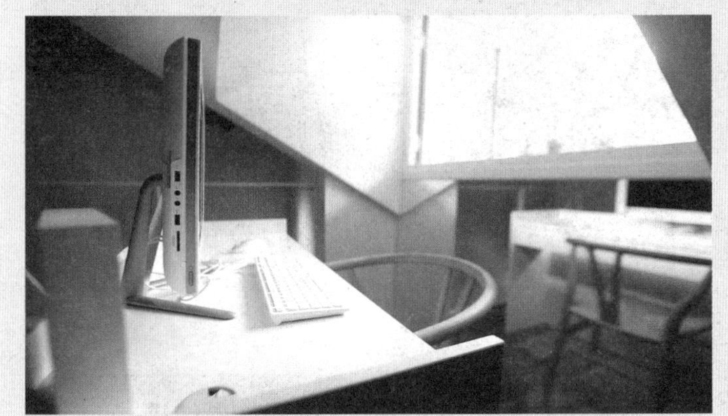
书桌近景

老虎窗旁的书桌

一个可以远眺、凭靠的飘窗，既兼具了洗漱、晾衣的功能，也是女主人种植花草的地方。

可远眺、可种花的飘窗

○怀旧又时尚的楼梯空间

亚克力玻璃封存了悬挂多年的火腿和带有钉子的墙面，配合楼梯灯光的设计营造了温馨又时尚的氛围。

改造前楼梯

通往二层的楼梯

入户门

楼梯装饰墙

门牌装饰

老火腿装饰墙

○方便实用的一层卫生间

设计师特意在院子里原来淋浴房位置安排了淋浴房、马桶间和洗漱台，方便院子居民日常使用。今后大家再也不用去院子外的饭店上厕所了。

改造前棚屋

装饰细节

院子中卫生间外立面

院子中卫生间内部

○安装了上下水的厨房

厨房上下水的合理安排，解决了以往要到院子里洗菜的问题。大量储物柜的设计，满足了厨房储物的需要，给生活带来了更多便利。

改造前厨房

一层厨房门口

厨房外部手绘画

一层厨房内部

一层厨房洗菜池

厨房储物柜

○设计师个人资料

沈雷

内建筑设计事务所合伙人 / 设计总监
对话框 hyssop 品牌合伙人
中国建筑师学会室内设计分会理事
《中国室内》编委

荣誉奖项

2015 年中国室内设计周十大人物
美国室内杂志 2014 年度设计名人堂
2014 年度金堂奖最佳公益奖
BEST100 2015 中国最佳设计
CIID2012 年度中国室内设计十大影响力人

15 平方米一室户巧改小复式

花园洋房里的家

○基本资料

- 地点：上海
- 房屋类型：15 平方米的法式建筑
- 家庭成员：委托人秦女士、秦女士的爸爸妈妈、秦女士 8 个月大的儿子
- 装修总造价：21.89 万元
- 设计师：凌子达

秦家住在上海 20 世纪 20 年代建造的法式建筑中，原本独门独户的房子现在挤进了“72 家房客”。这间仅有 15 平方米的房间，就是秦女士的家，这里住着她的爸爸妈妈和她刚出生 8 个月的儿子。而对于儿子来说，这里只有外公外婆和妈妈每天照顾他，因为自他出生后就再没见过爸爸。孩子的出生并没有给已经破裂的婚姻带来转机，面对日渐冷漠的丈夫，秦女士在最无助的时刻，听到了父母此生对自己说出的最温暖的一句话“孩子，你回来吧”。秦女士婚姻的挫折，带给这个家庭的有悲伤、有负担，但新生的宝宝也给这个家里带来了欢笑与热闹。然而，在一间仅有 15 平方米大的房子里要挤进 4 个人，还真不是一件简单的事情。

改造总费用 21.89 万元		
硬装花费	材料费：11.69 万元	16.89 万元
	人工费：5.2 万元	
软装花费	5 万元	

1 房屋状况说明

秦家居住的这个房间是由原来老建筑的客厅一分为二隔出来的，只有 15 平方米。衣柜、床、书桌、沙发以及餐桌挤满了整个空间，就连晾的衣服也只能用绳子串起来。

只有 15 平方米的一室

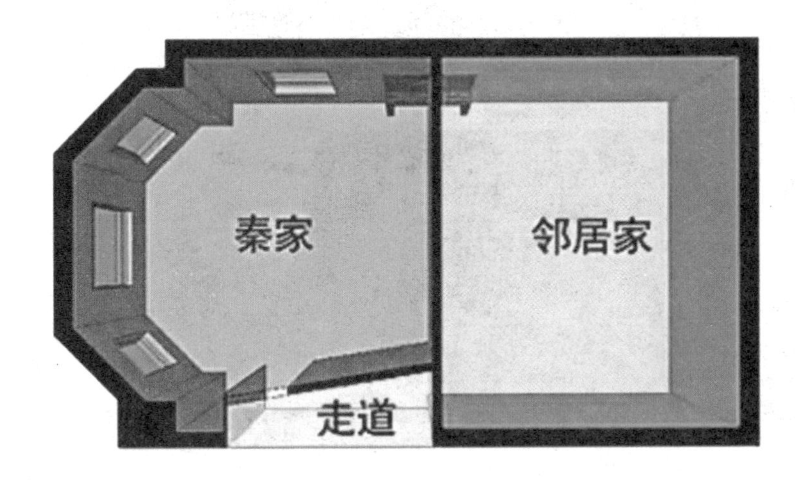

秦家是由原来老建筑的客厅一分为二隔出来的

○空间狭小，宝宝没有活动空间

床上是宝宝的主要活动空间，活泼好动的个性使得宝宝很容易从床上摔下来。为此一家人必须一天 24 小时轮流照顾宝宝，不能放松一刻。

空间里堆满了杂物

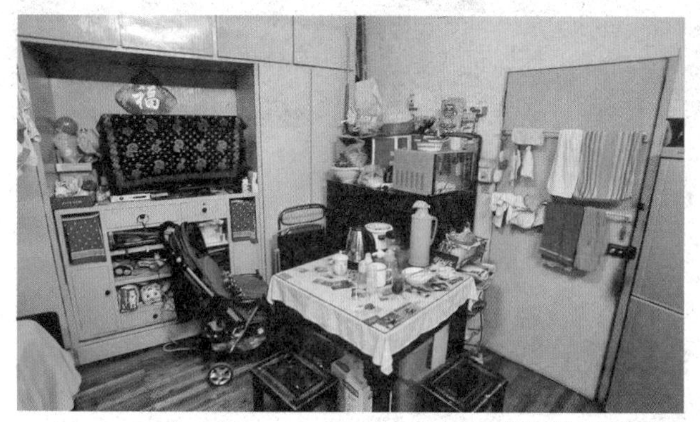

床对面是入户门与餐桌

床上是宝宝唯一的活动空间，宝宝很容易摔下来

老旧的电视柜

高处具有储物功能的柜子

○难以使用的阁楼

阁楼只有家里体重最轻的外婆踩着两层凳子才能够到，高柜虽然有储藏功能，但十分危险。每次使用必须全家出动，这样的储物空间用起来实在不便。

每次使用阁楼都需要全家出动

体重最轻的外婆踩着两层凳子从高柜里取物

○缺乏睡眠区域

晚上秦女士的爸爸妈妈睡在家里仅有的一张大床上，秦女士睡在从大床下拖出来的临时小床上，而不到一岁的宝宝只能睡在破旧的沙发上。

为了能睡下四个人，秦女士将大床下的小床拉出并与沙发持平，宝宝睡沙发，秦女士睡小床

大床下隐藏的小床

小床下用板凳垫高，以保证与沙发持平

○没有卫生间

无论白天黑夜，秦女士的爸爸上厕所都必须穿好衣服到20米外的公厕解决。晚上秦女士和妈妈就拿一块布拦一下，再使用痰盂。增加一个卫生间，是家里所有人的愿望。

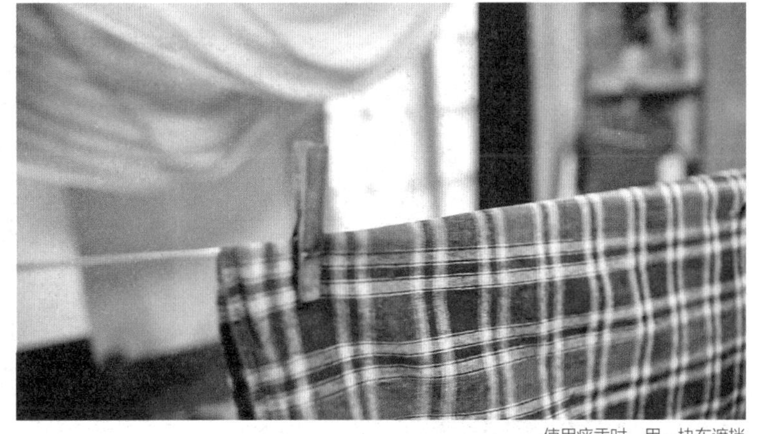

使用痰盂时，用一块布遮挡

○房间没有私密性

隐私对于一家四口来说根本就是奢望。秦女士如果要换衣服，要么让爸爸出去，要么自己出去到洗澡间去换。

淋浴房外

○房间里没有上下水

因为房间里没有上下水，每次洗菜时秦女士的妈妈都不得不跑到外面去用水，但她一边洗菜，一边还要分心照顾睡在床上的外孙。只有当秦女士爸爸在家时，老夫妻才能给小宝宝洗个澡。狭小的水斗旁边还有一个简易的淋浴房，有时洗完澡必须让外面的人让一下才能出来。

窗外的洗菜池

屋外的淋浴间

与淋浴间相连的洗手池

给宝宝洗澡需要一趟趟去外面接水、倒水

○简陋的违章车棚

简陋的违章车棚是当年为了停车方便搭的，因为年久失修已经可能随时倒塌。

简陋的违章车棚

2 原始空间分析

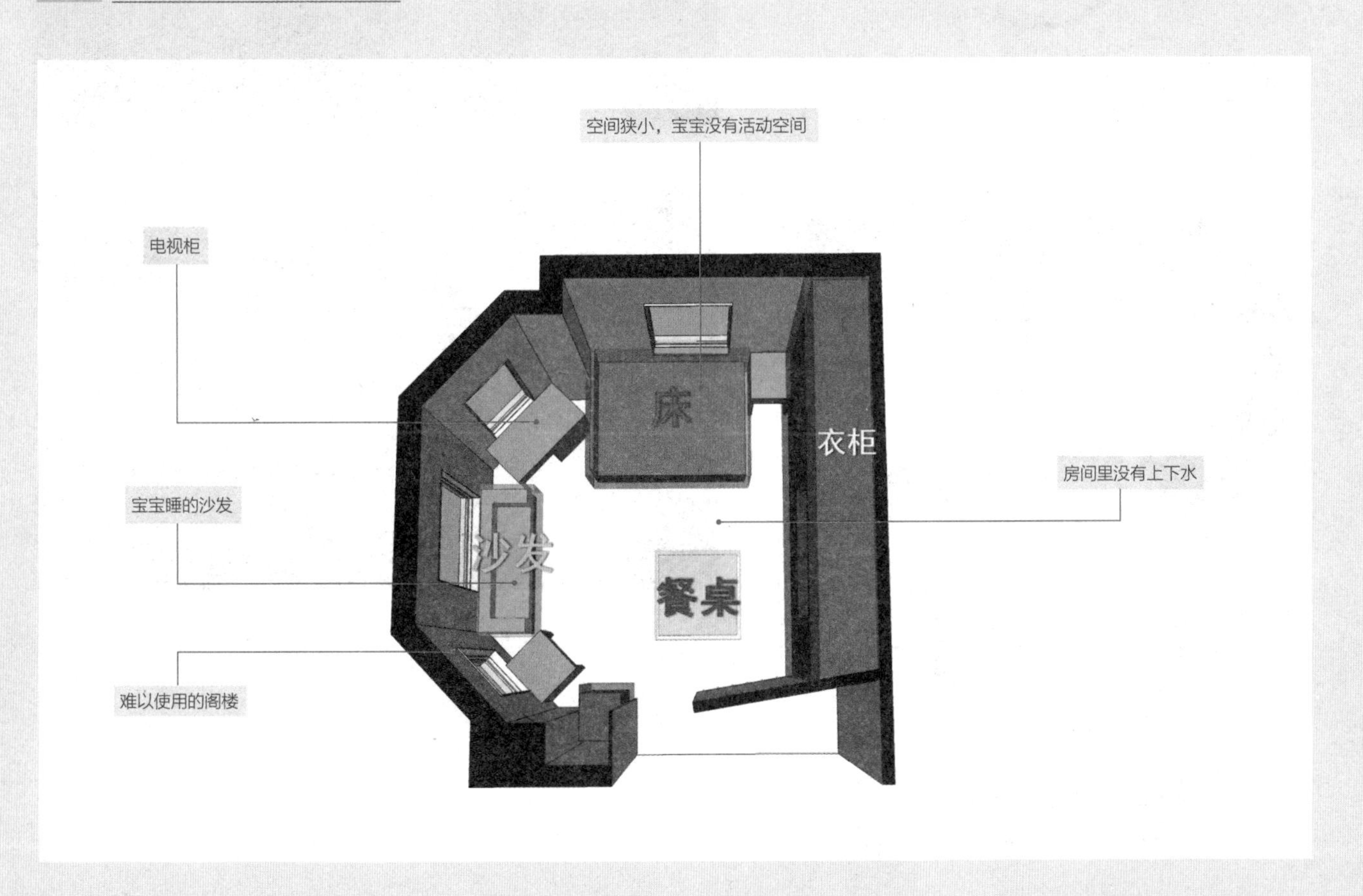

3 改造过程中

○拆除屋内装饰，还原原始结构

工程的第一步就是拆除，而在施工队拆掉地板以后发现了这个房子的一个特殊结构——烟囱管道井。

原来的老房子为了防霉通风在楼板下预留了50厘米的通风层，但是因为房屋老化，通风层已经无法起到通风的作用，整个底部已经非常潮湿。从底部重做防潮与加固可以解决房子老化的问题。

拆除地板

拆除家中橱柜

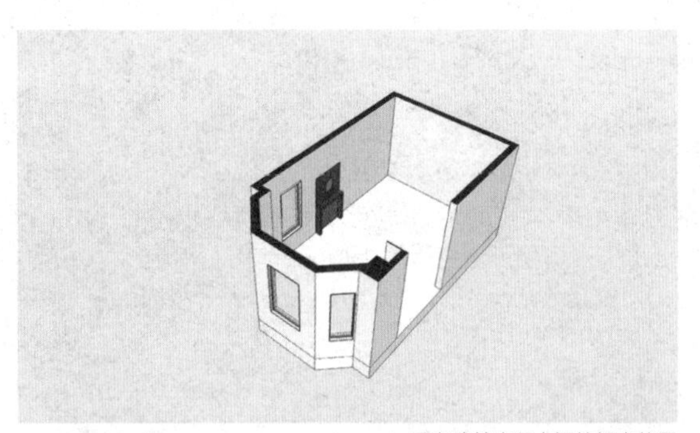

原老建筑客厅中间的烟囱位置

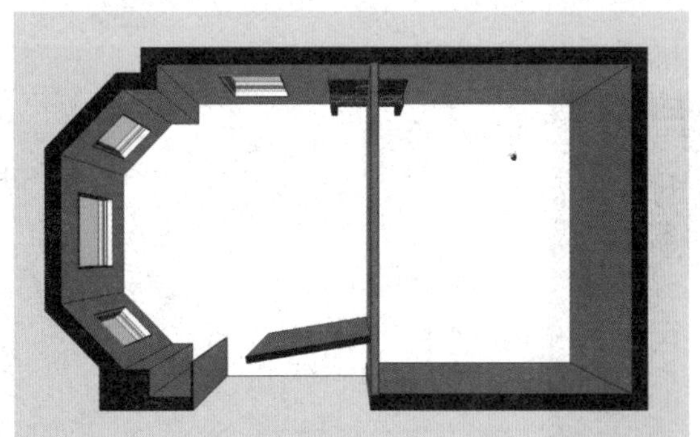

房屋重新分配后的隔墙

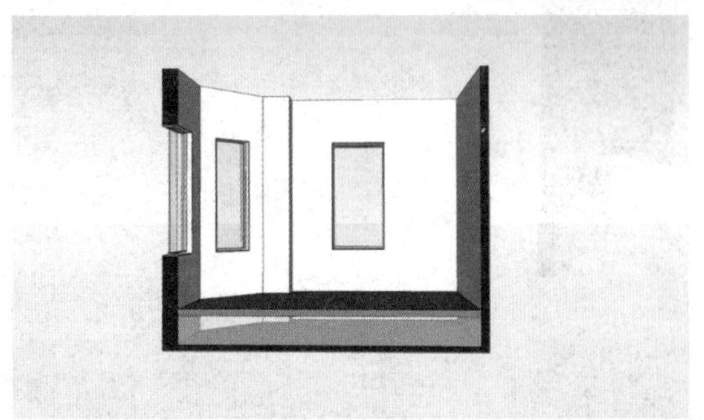

老建筑下50厘米的通风层

三面采光的窗户

通风层底部已经非常潮湿

老建筑的烟囱管道井位置

木质隔户墙已经发霉、腐烂

通风层下的砖已经破烂不堪

○房屋底部重新做加固、防潮处理

从底部重新做防潮与加固，可以解决房子老化的问题，五六十厘米的高度做成一部分收纳空间。

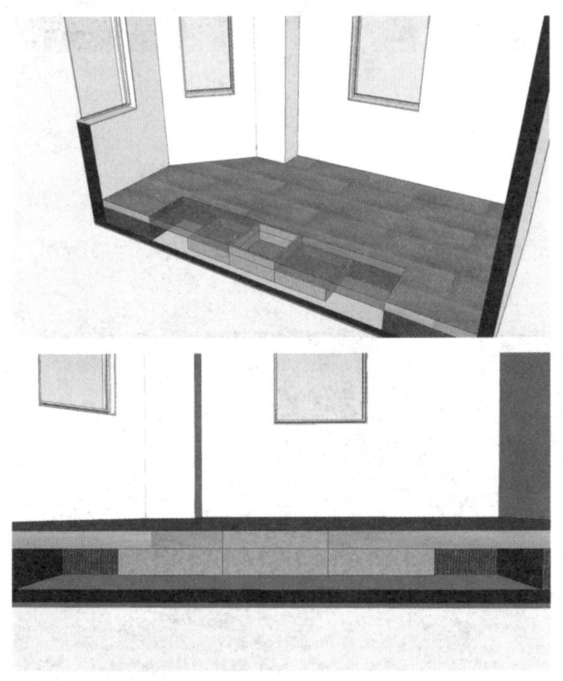
储物抽屉示意

给地面做防水处理

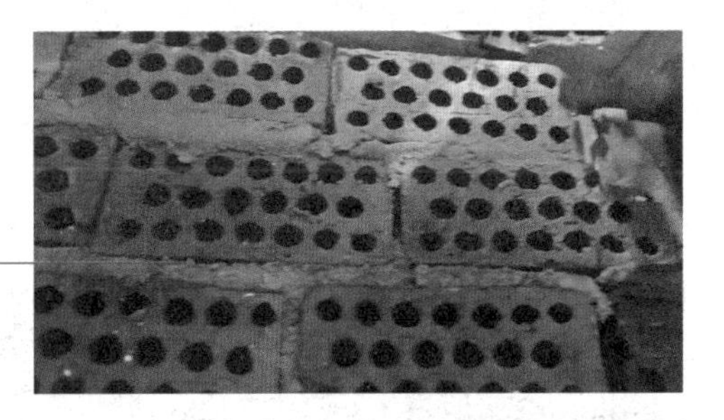
利用空心砖加固地面通风层

利用地面下50厘米的距离做部分收纳

○利用钢结构搭建二楼

为了充分利用房子的空间，设计师决定用钢梁搭建一个二楼，但在规划布局时，设计师也有特别人性化的考虑。楼上保留一个挑空，钢结构的使用会对整个空间有加固的作用，提高稳定性。

利用钢结构加固房屋

在钢结构上铺贴地面

搭建二楼

阁楼楼梯位置

○拆除屋外违章建筑，还原建筑原貌

对于秦家原本在室外自行搭建的违章建筑，虽然继续保留可以多一些面积，但设计师还是决定把它彻底拆除，尽量还原建筑的原貌。

拆除屋外违章的淋浴间和水槽

拆除违章建筑后，露出柱子原貌

○建造干湿分离的卫生间

设计师把原本在外面的卫生间全部移到了室内，重新做一遍排水系统，加装一个隐藏式的背水箱，使得卫生间的空间相对更宽敞一些。虽然房子只有15平方米，但设计师还是把厕所与淋浴做到了干湿分离。

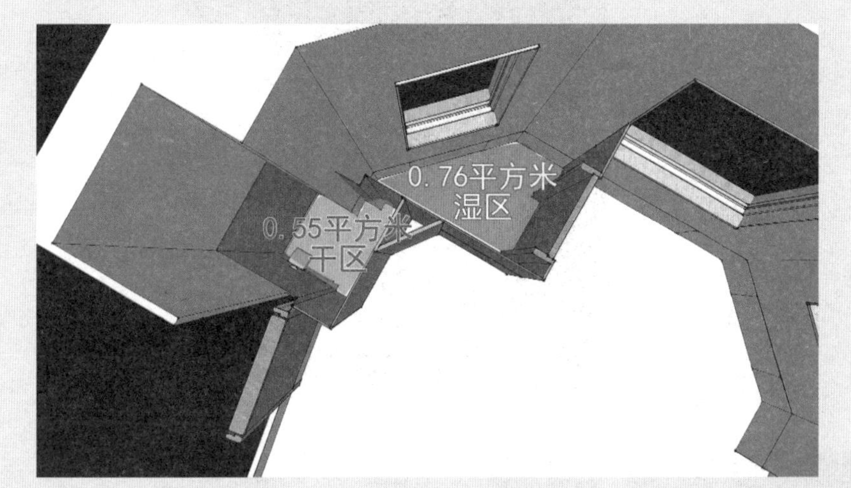

干湿分离的卫生间

将外面的淋浴间移到了室内，并分为淋浴间与马桶间

在淋浴间安装排水系统

重新做马桶间排水系统

安装马桶间隐藏式背水箱，节约空间

○增加整个房子的防水

房子已有近 60 年的历史，所有的墙面基础已经潮湿不堪。设计师对整个墙面做了第一道防水，第二道防水需要选择质量好点儿的砖，以便对第一道防水起到保护作用。

在墙面做第一道防水

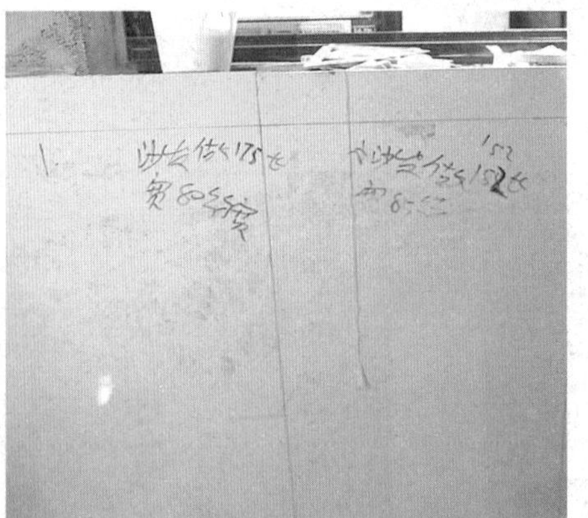

铺砖，对第一道防水做防护

○在厨房位置安装水槽

原来想把厨房搬入室内，但因为煤气管道无法改动，决定把上下水引入原本厨房的位置。

原来的厨房空间里面没有水槽，于是从邻居厨房里找到水的点位，设计师拉了一个冷热水管，满足了水槽的功能。

借用邻居家水槽的点位，连接管线，在厨房安装水槽

○改造车棚

正对窗户的车棚已经摇摇欲坠，设计师决定把它彻底拆除，改成一个可以使委托人以及附近邻居都受益的公共空间。

厨房没有水槽

○在不改变窗户大小的情况下，用镜子做窗的延伸

房子搭了阁楼后，原本的高度无法满足二楼的采光，为了保存老房子原本的风貌，用了一个镜子做窗户的延伸，同时窗帘的部分和窗做同宽，这样窗帘放下来就和整个窗形成一个整体，具有拉高空间的效果。

保留老房子窗户的尺寸大小

修旧如旧，修补窗下的装饰

用镜子的概念做窗的延伸

○淋浴房与客厅之间的防水

为了解决淋浴房与客厅只有一门之隔的问题，设计师特意在淋浴一面使用了不锈钢的淋浴贴面，而在客厅那面使用了温和的木纹贴面。当门关上时，里面的挡水条受到感应，自动从门下面落下来，形成完全挡水的效果。

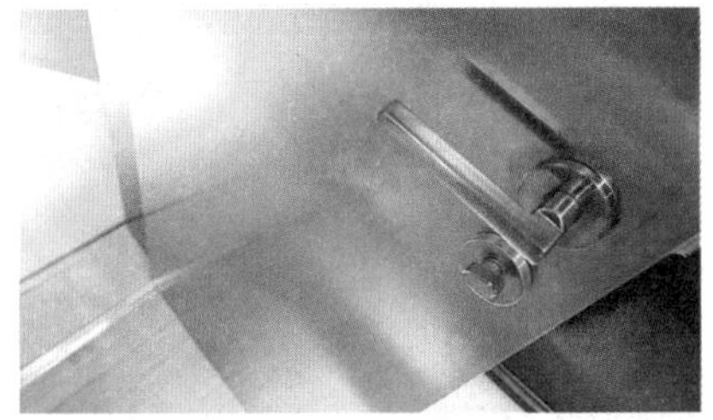

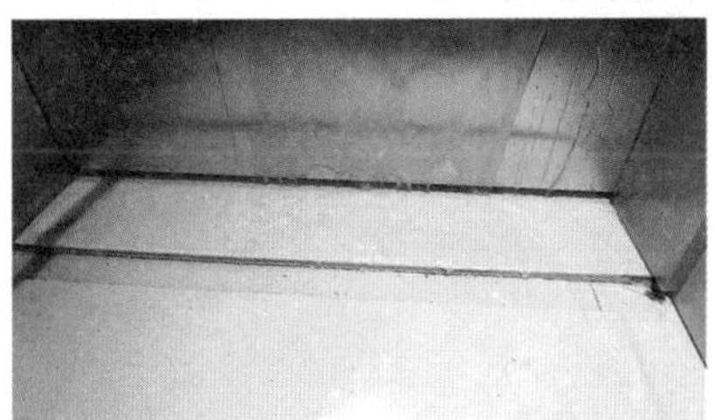

浴室门内采用防水的不锈钢贴面

门关上后，门下挡水条会自动落下

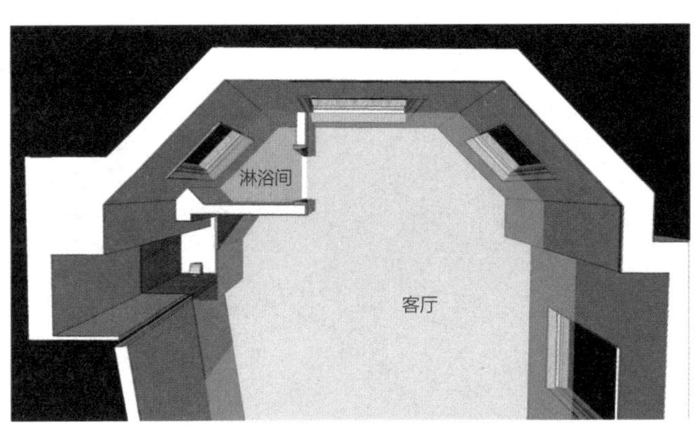

浴室与客厅位置关系

4 改造前后平面图对比

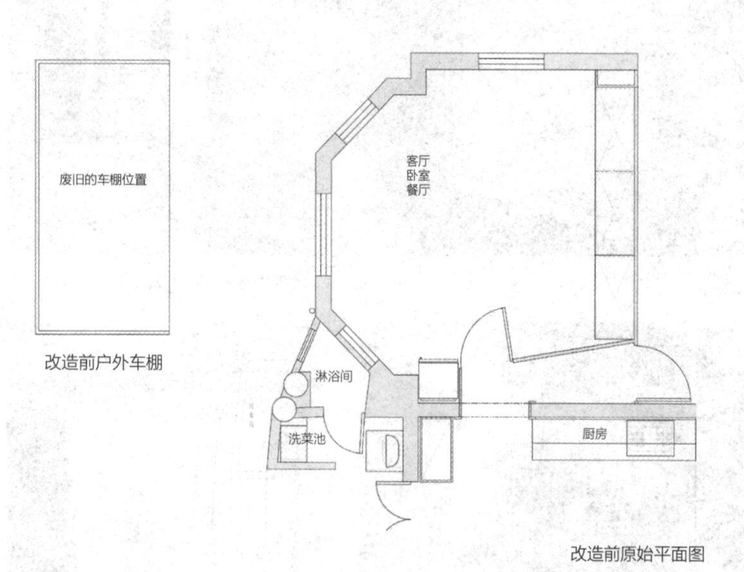

改造前户外车棚

改造前原始平面图

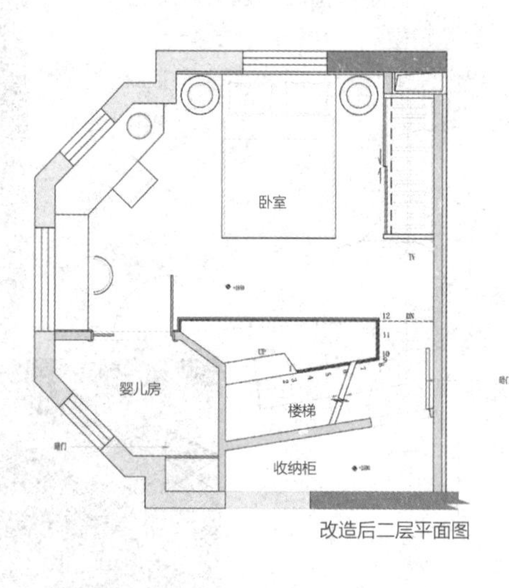

改造后二层平面图

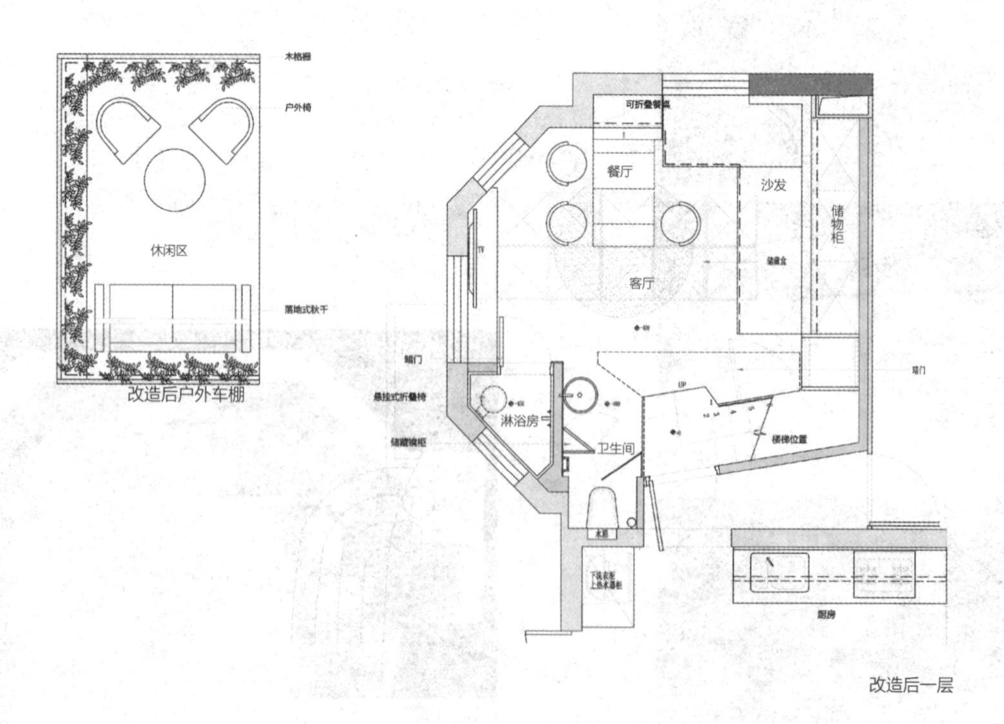

改造后户外车棚

改造后一层

5 改造后成果分享

○温馨又宽敞明亮的客厅

白色、原木色与玻璃的搭配使用，使得一楼的空间显得既温馨又宽敞明亮。

餐桌是可以伸缩的，沙发可以变为床，形成一个很大的游乐区域，宝宝在这个范围内活动是比较安全的。

改造前的客厅

客厅沙发位置

在沙发位置看电视

可以伸缩的餐桌

可以展开的沙发床

○大量隐藏式储物柜

利用原来的建筑空间做一个隐藏式的收纳柜，该收纳柜兼具防虫、防潮的功能。这个隐藏式的储物空间在改造初期就在地面埋入钢管与轨道，在利用了地下空间的同时，虽然厚度只有 35 厘米，依然使得架空层有了通风的功能。仅需要一个小开孔就能利用三个独立的储物格，既扩大了收纳空间，又方便使用。

打开状态

关闭状态

楼下的隐蔽门，方便储物

整体衣柜预留了大量的储物空间

○干湿分离的卫生间

新设立的卫生间以及淋浴房使得一家人终于不用出门上厕所了。

在淋浴房内，设计师还特意增加了可伸缩的晾衣绳，既节约空间，又不用担心衣物滴水的问题。

改造前卫生间

利用角落，方便储物

淋浴间

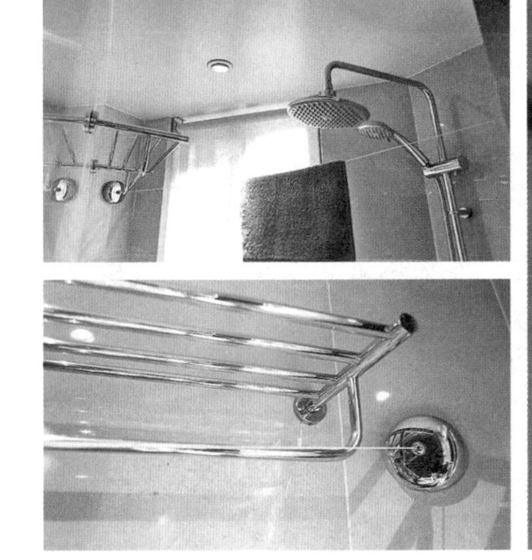

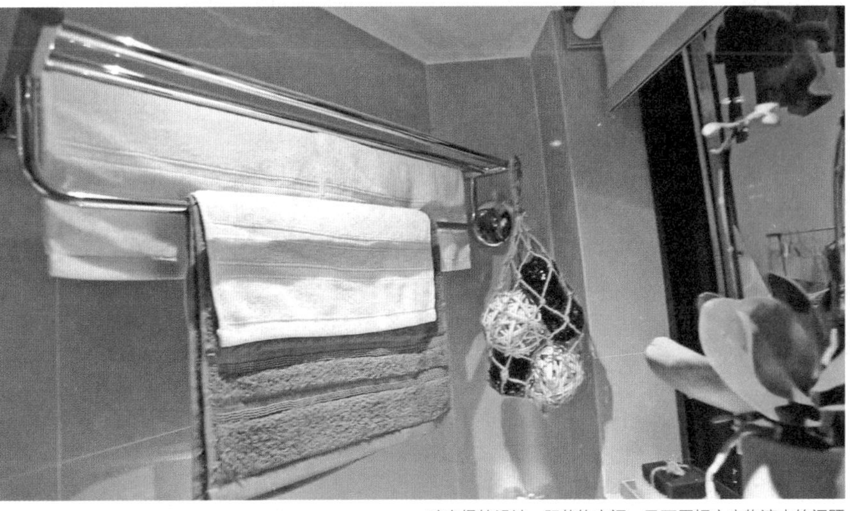

晾衣绳的设计，既节约空间，又不用担心衣物滴水的问题

○二层主卧空间和儿童房

通过明亮平缓的楼梯，新设立的二楼终于为一家人的隐私生活创造了可能。

二楼镜面的使用，使得窗户的延伸感大大增强，而衣柜和床下预留的空间也为一家人未来的生活提供了方便。

写字台完全按照房子特殊的形状设计，没有浪费一寸空间，这是为妈妈和宝宝设置的阅读区域，桌子可以随宝宝的身高自由调节。

改造前卧室

儿童房到顶的储物柜

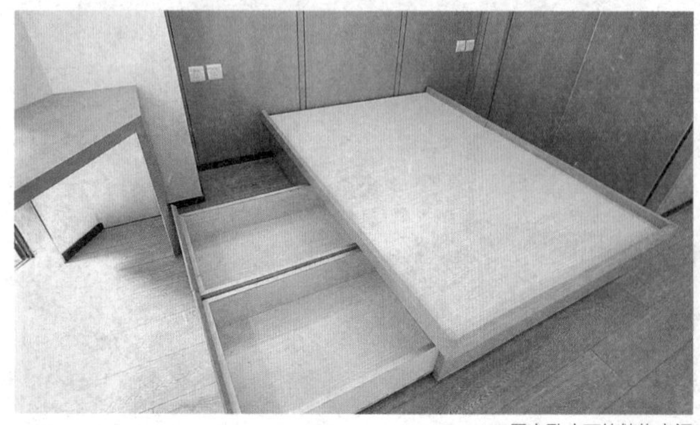

二层主卧床下的储物空间

阁楼主卧衣帽柜

阁楼主卧

利用主卧角落设置儿童房

阅读区域可调节的书桌

○巧妙解决阁楼储藏室与楼梯的衔接

设计师在阁楼的收纳空间做了一个隐藏的桥，通过这个桥，可以到达阁楼储藏室。把手的贴心设计方便了家人进出。

墙面隐藏式桥

打开隐藏式桥

桥与墙面相衔接

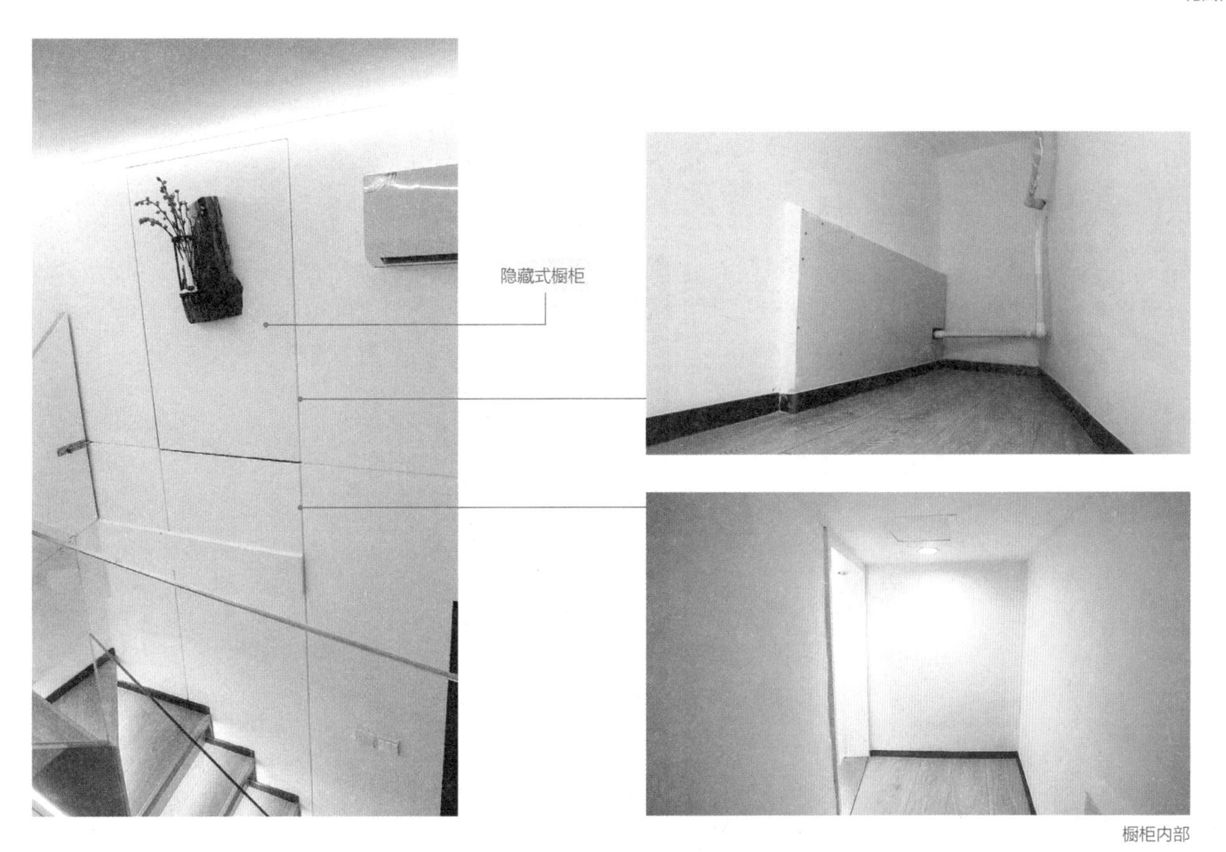

橱柜内部

○安装 LED 灯，扩大空间视觉效果

楼梯的位置相对比较窄，设计师在每一个踏步都做了一个 LED 灯。由于二层的层高比较低，设计师还在墙角处增加了 LED 灯条，增加视觉的开阔感。

角落灯条

楼梯处灯光设计

满足洗菜功能的整体橱柜

○方便实用的厨房

厨房整体橱柜与洗菜池的设计方便了日常做饭，家人再也不用跑到屋外洗菜了。

○废弃铁皮屋变身小花园

原来已经废弃的铁皮屋究竟被设计师改造成什么样子了？在设计师的努力下，这里以前废弃的铁皮屋，被改造成了一个供大家休息的小花园。

改造前

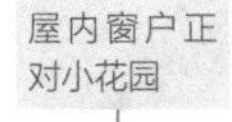

屋内窗户正对小花园

屋外废旧铁皮屋变身小花园

○设计师个人资料

凌子达

毕业于台湾逢甲大学建筑学系，先后在台中及台北等城市实践自己的建筑和室内设计的理念，2001 年在上海成立了达观国际建筑室内设计事务所，2009 年取得法国 Conservatoire National des Arts et Metiers 建筑管理硕士学位，出版个人作品集《达观视界》。

荣誉奖项

2016 深圳 ANDREW MARTAIN 奖

2016 SPARK AWARD 入围奖

2016 新加坡 GOOD DESIGN 设计大奖 Gmark

2016 德国 IF AWARD

2016 德国设计大奖

2015 德国设计大奖

90 后小夫妻
30 平方米奢求 4 大功能

令人烦恼的新家

○基本资料

- 地点：上海
- 房屋类型：30 平方米的直筒型老房
- 家庭成员：委托人吴先生、爱人申女士和三只淘气的猫咪
- 装修总造价：12.1 万元
- 设计师：范继景

改造总费用 12.1 万元		
硬装花费	材料费：7.8 万元	11.1 万元
	人工费：3.3 万元	
软装花费	1 万元	

女主人在家开淘宝服装店，小小的、黑暗的空间里面摆满了她所有要发的衣服。女主人的正职是画插画，但因为地方又小又暗，插画的颜色很难调准。家里的三只小猫，只要东西一摊开就开始捣乱。委托人吴先生，一个土生土长的上海人，在上海长大、读书、恋爱、工作。虽然两个人都喜欢自由的职业，但由于爱人的坚持感动了丈夫，于是吴先生暂时放弃了做音乐的梦想，成了一个朝九晚五的普通上班族，以维持日常生活。

1 房屋状况说明

吴先生夫妇的家是一套使用面积为 30 平方米的直筒型老房。家里除了小夫妻外，还有家庭地位非常高的三只猫。整个房子从南到北依次为阳台、卧室、工作室、卫生间和厨房。卫生间宽不足 1 米，长 2.7 米，却要塞下洗衣机、淋浴间和马桶。南面的阳台是唯一的采光来源，中间的隔断阻隔不了声音，却将阳光挡在了门外。

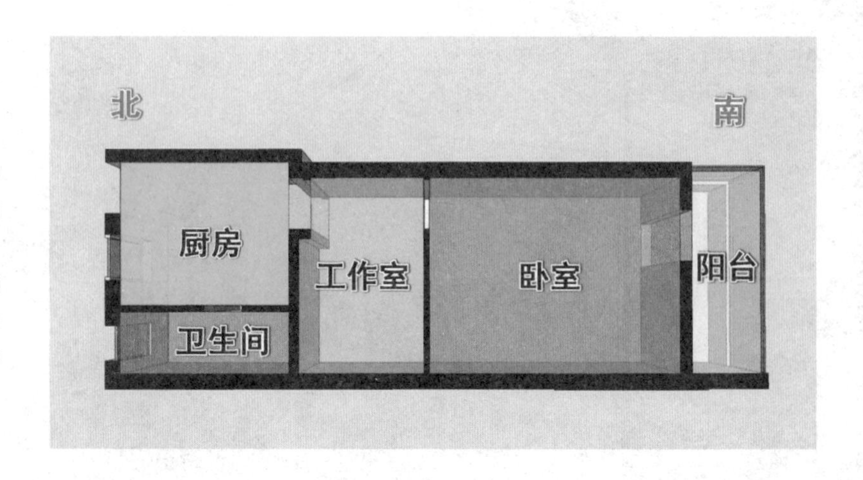

○呈荒废状态的厨房占用了不少空间

由于年轻人生活节奏的关系，小夫妻俩在家基本不做饭。于是鞋柜便占据了厨房的部分区域，厨房的收纳柜里也塞满了杂物和乐器。这套房子并不大，可是处于荒废状态的厨房却占用了不少空间。

房屋入口

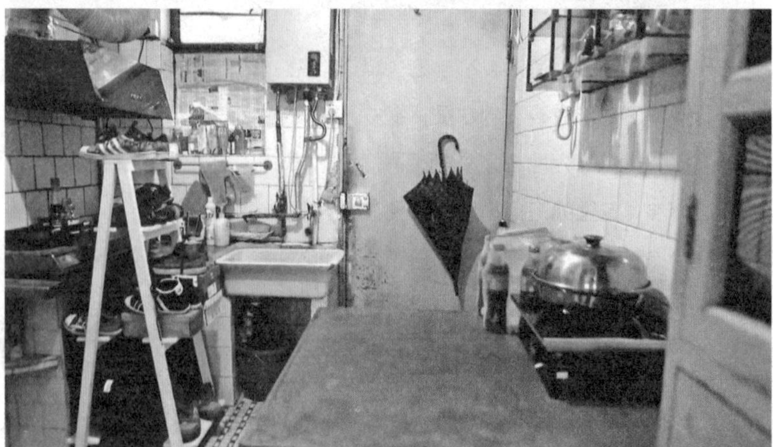

荒废的厨房摆满了杂物，占用了大部分空间

○无法安置的电子元器件

由于厨房朝北很容易受潮，厨房柜子里的电子元器件不仅会有油烟困扰，还有受潮失灵的可能。

北面储物柜

放在储物柜里损坏的元器件

○储物空间不足

申女士是既是一个插画师，也是一个网店店主。由于货物占据了大部分空间，两人的衣物无处安放。这让两人的储物成了大问题。

小小的工作间里堆满了销售的货物

厨房里堆满了杂物

○布局不合理的卫生间

卫生间宽不足 1 米，长 2.7 米，里面却要塞一台洗衣机、一个淋浴间和一只马桶。而日常的洗漱只能在厨房间的洗菜池完成。

厨房淋浴间

只能放下洗衣机和马桶的卫生间

日常洗漱只能使用厨房的洗菜池

○卧室与工作间中间的隔断阻隔不了声音

由于隔间处于房子的中间部位，采光并不好，申女士在电脑上画画还好，如果真的要铺开画东西的话，每次必须得回到父母家去画。男主人时常会在家录歌排练，但卧室与申女士的工作间只有一墙之隔。一个制造声音，一个需要集中精神安心工作，这让两人矛盾不断。

工作间与卧室以隔板区隔，不但不隔声，还遮挡了光线

女主人的工作间

男主人只能坐在床上练歌

黑暗的工作间

○有三只爱捣乱的猫咪和无处不在的猫毛

神出鬼没的行踪，无处不在的猫毛，家里三只宝贝猫的存在让这对小夫妻感觉既甜蜜又烦恼。磨爪是猫咪的天性，这让两个人的家变得“伤痕累累”。

被猫抓过的纸箱和窗框

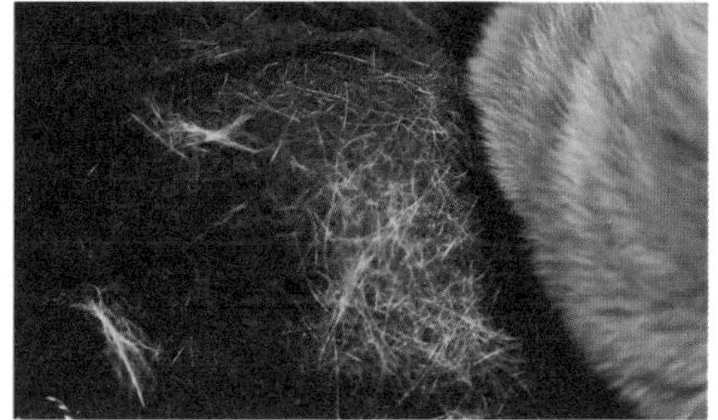

无处不在的猫毛，很容易粘在即将出售的衣物上

○采光最好的阳台被白白浪费

阳台是采光最好的地方，但是阳台与卧室间的墙阻隔了阳光进入室内。阳台得不到充分利用，实在有点可惜。

采光最好的阳台被白白浪费

2 原始空间分析

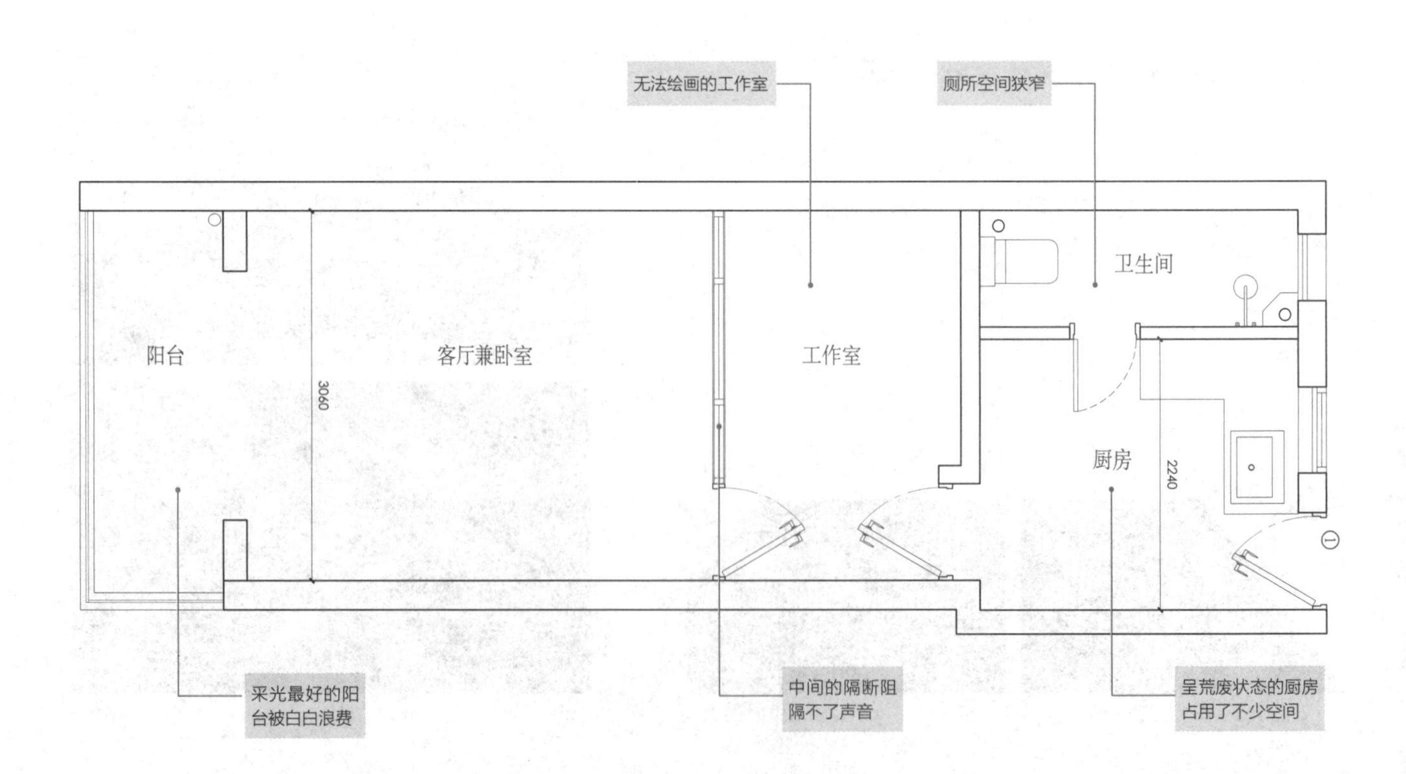

3 改造过程中

拆除隔墙，打造通透的视觉感

○拆除隔墙，把入户门移到中间

改造工程正式开始。设计师首先拆除了所有隔断，同时还把门的位置做了改动。把原来的门移到入户的中间，这样整个空间更为开阔。

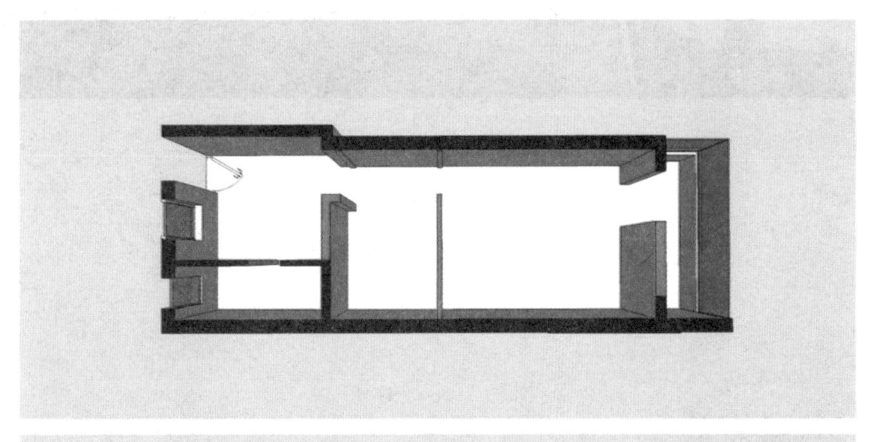
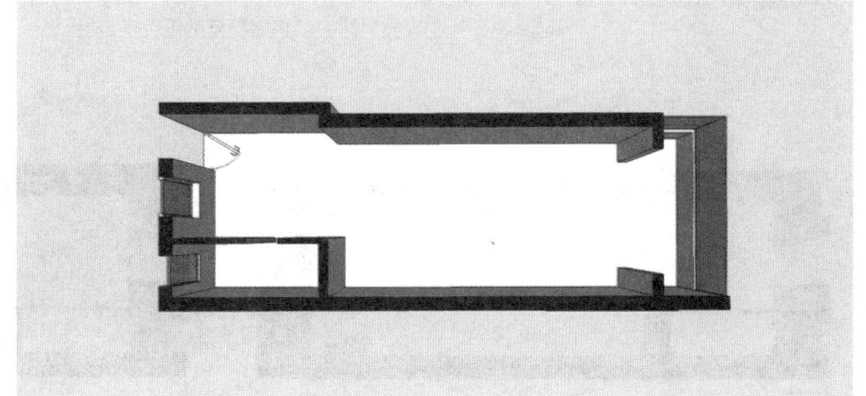

拆除隔墙位置

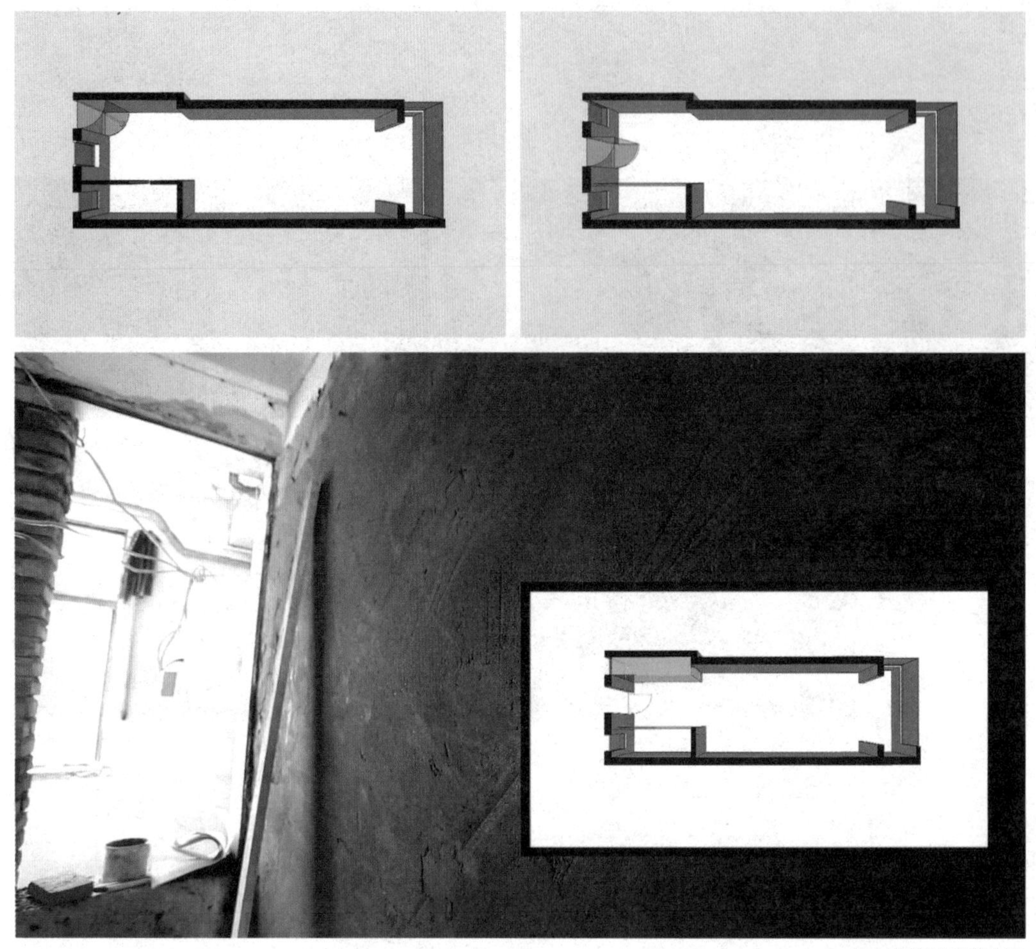

将大门移到入户的中间

○隐藏煤气管线

由于燃气管道是一楼到顶楼的燃气主管，不能移动，于是设计师把煤气管道隐藏在一个轻质隔断中，将储物与美观完美结合。

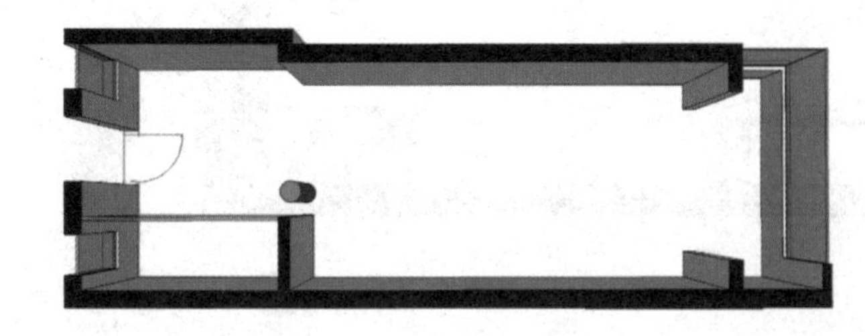

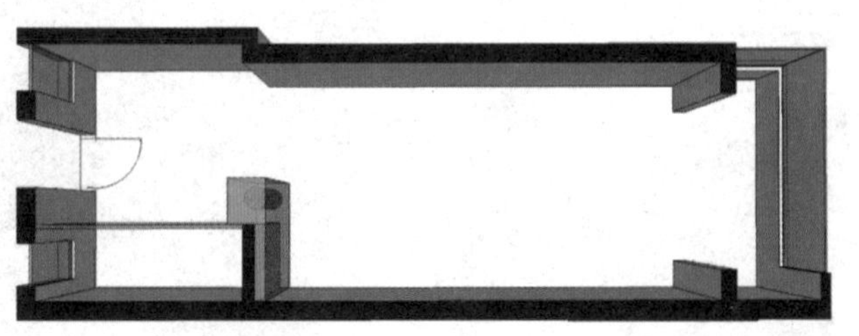

把煤气管线隐藏在轻质隔断中

入户门前不能移动的燃气管线

○使用木龙骨找平墙面

户主家的房子面宽比较窄，墙面上每多出来 1 厘米都会对原来的房子空间构成不小的损失。因为墙面非常不平，设计师做了些龙骨对墙面进行找平，同时利用龙骨间的深度作为凹槽，以供活动装置使用。

利用木龙骨之间的厚度做活动装置凹槽

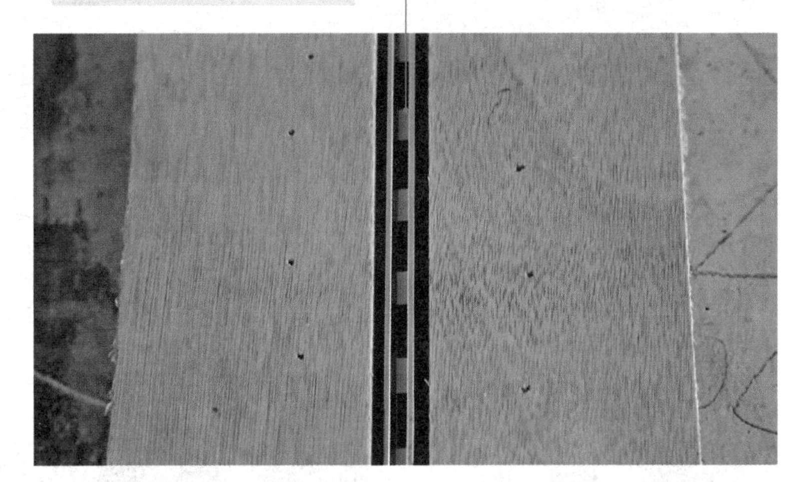

利用薄的木龙骨找平墙面

○利用装饰材料打造工业设计风的卫生间

由于卫生间的空间较小，设计师采用了只有 5 厘米的铝制隔墙，解决了防水、防潮的问题，也为空间省下了至少 7 厘米的厚度。考虑到屋主两人的个性，设计师大胆使用了黑色。为了避免压抑，又在墙面上开了些大大小小的洞，嵌入亚克力，为内外空间增加了互动性。

设计师在墙面上开了一些均匀排列的小洞嵌入亚克力削弱黑色产生的压抑感

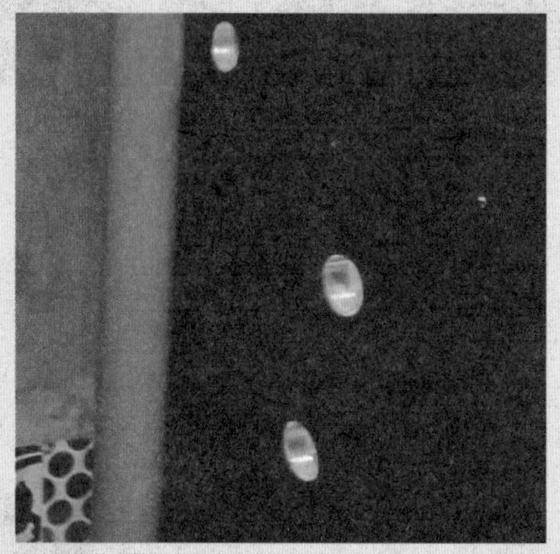

设计师将落水管保留下来，在上面涂了防水漆，以便将卫生间的空间最大化

卫生间内部以工业风为主要风格，在原墙面上进行水泥砂浆分层抹实抹光，这样的做法既符合年轻人的审美，也节省了一部分材料。

水泥砂浆分层抹实抹光卫生间墙面

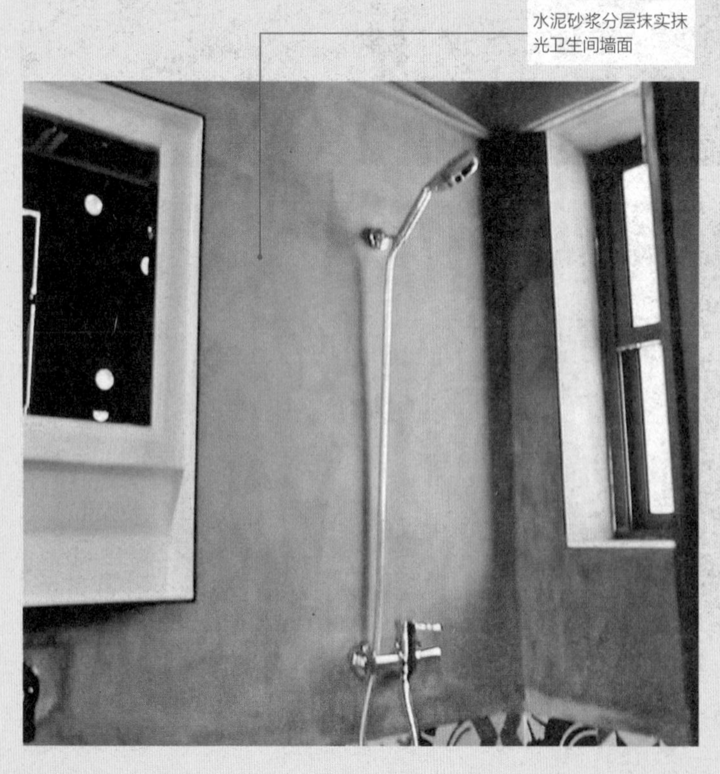

将洗衣机安放在阳台上

铝制隔墙只有 5 厘米厚，和门在一个平面上，节省了墙体占用的空间

○在地面增加大量的储物空间

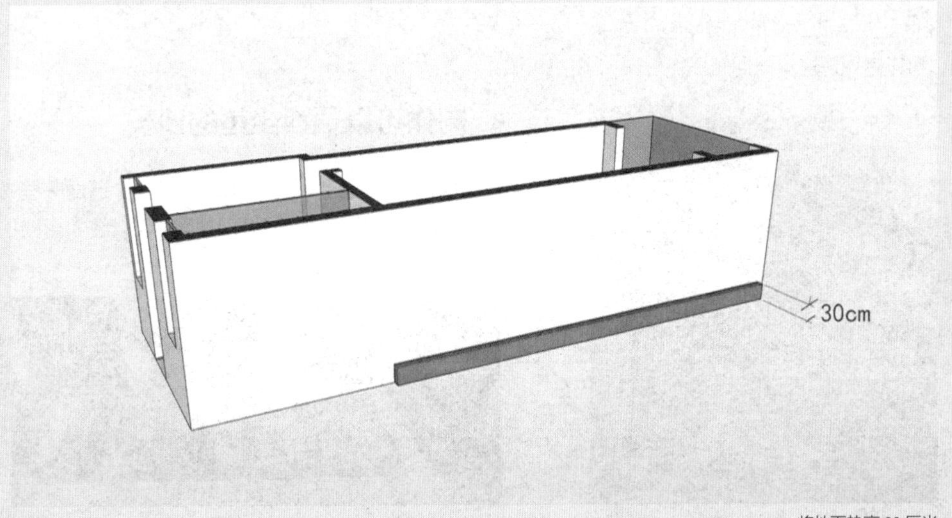

将地面垫高 30 厘米

地面采用防腐、防潮的生态板，四周预留通风口解决防潮、通风的问题

为了尽可能地扩大储物空间，设计师将地面垫高了 30 厘米，在地面做了一个收纳柜。柜体内部全部采用生态板，并在四周预留了通风口，能够有效地解决通风和防潮的问题。同时，把储物空间放在地下可以最大程度地避免猫咪对储物空间的破坏。

○安装可以供猫咪活动的抓板

屋主人的三只猫咪也需要活动的空间，在墙壁上安装可移动的猫抓板，可以有效解决这一问题。

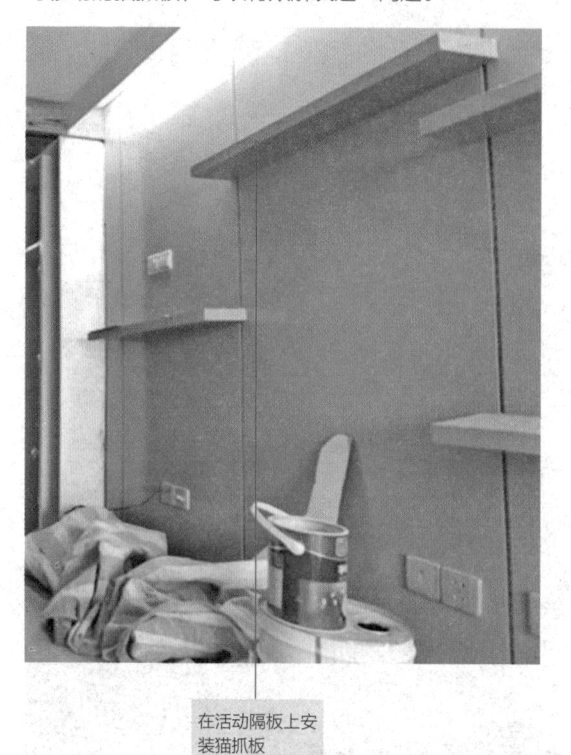

在活动隔板上安装猫抓板

○制作可以更换坐垫的沙发

考虑到掉落的猫毛以及猫抓咬对沙发会造成一些破坏，设计师将屋主家的沙发垫换成可以经常更换的坐垫。

可以随时更换坐垫的沙发

○将女主人的工作间设置在阳台

设计师在阳台处还做了一个超大的工作桌，采光最好的地方成了申女士的工作室。

阳台成了女主人的工作室

4 改造前后平面图对比

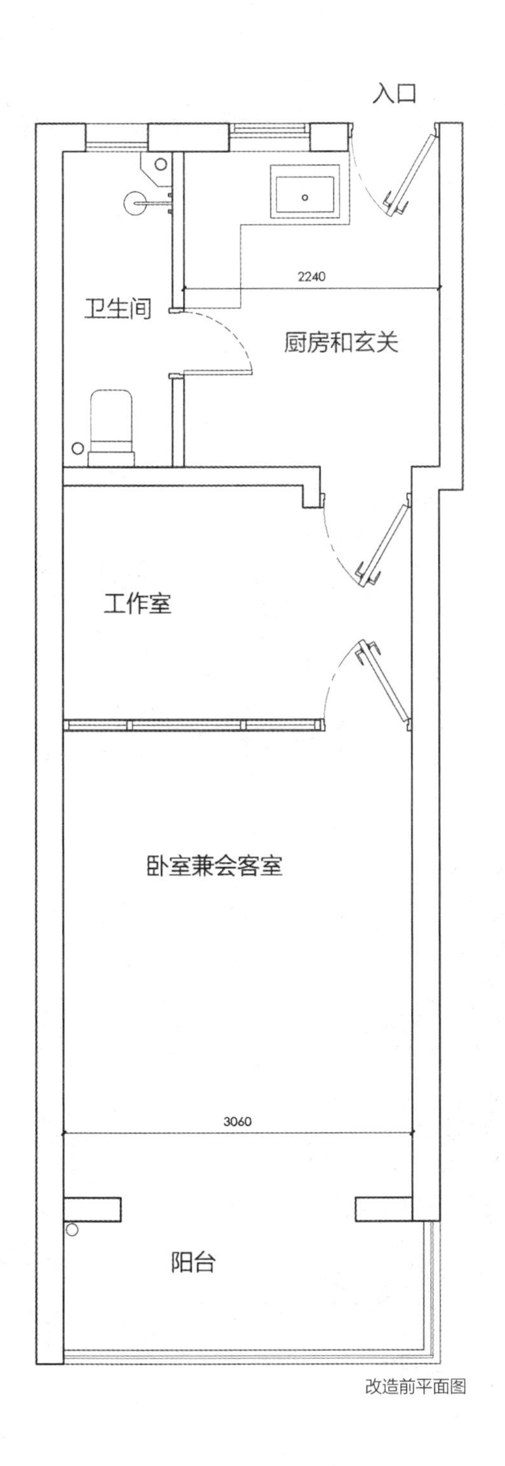

改造前平面图

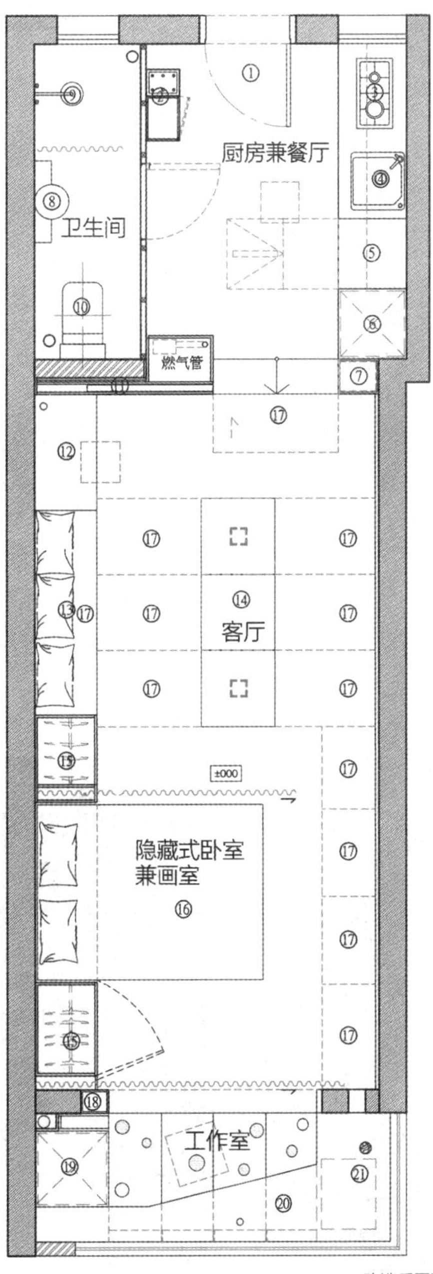

改造后平面图

5 改造后成果分享

历时 45 天，改造工程全部完成。充满异域风情的特色花砖、大胆独特的个性配色，让整个空间充满了活力。改造后的空间从南到北依次为工作间、卧室、客厅、卫生间、厨房。

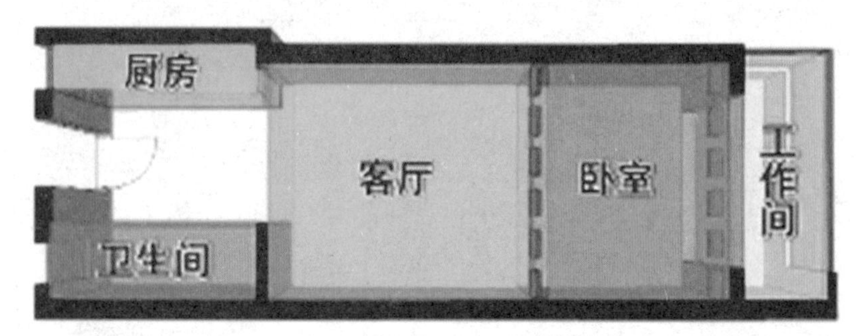

改造后平面布置图

○功能齐全的整体式厨房

整体式厨房的设计将洗菜池和灶台做了合理安排，不仅方便了使用，更比之前节约了不少空间。可翻折的小餐桌，让厨房空间变得灵活实用。

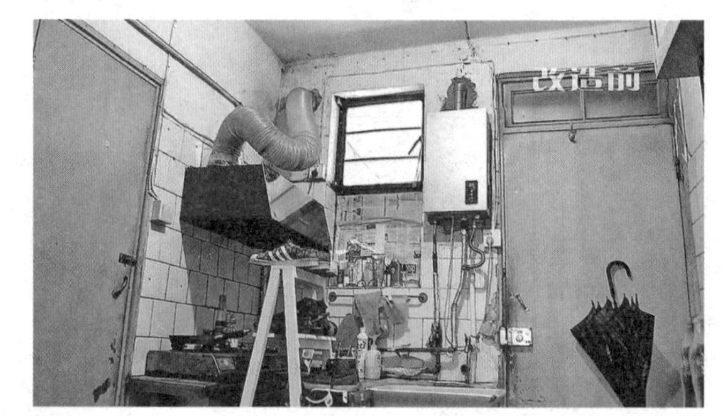

改造前厨房

整体式厨房

入户门外也铺贴了与内部空间统一的花砖，扩大了视觉效果

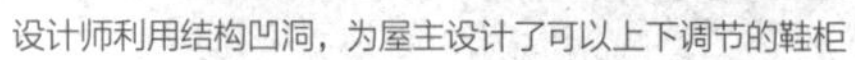

设计师利用结构凹洞，为屋主设计了可以上下调节的鞋柜

隐藏在橱柜中的弱电箱

可以翻折的小桌板

○时尚前卫的卫生间

大胆的黑色墙板、故意裸露的水泥墙面，让卫生间显得与众不同。盥洗池的设计，解决了以前要到厨房洗漱的不便。

改造前卫生间

方便储物的卫生间橱柜

时尚前卫的卫生间

工业风的设计风格既满足了小两口追求时尚前卫的要求，又在一定程度上节约了装修的造价

○方便灵活的客厅空间

洒满阳光的宽阔空间、跳跃灵动的色彩，让这个家充满了年轻的味道。考虑到两人对储物的需求，设计师不仅沿着墙面做了整排的柜子，同时还把地面垫高了30厘米，让储物空间大大增加。

利用一面墙来作为主要的收纳空间，并利用上部空间做了吊柜。立面上开了大大小小的洞，这些洞内安放了音响、投影设备、机顶盒、无线路由器等电器。

背景墙的磁性墙面除了做可拆卸的猫抓板，除了方便置物和猫咪使用外，也可以作为日常工作墙面，吸附便笺纸等。背景墙面的设计让整个空间得到了最大程度的释放。

改造前客厅

客厅全貌

将地面垫高 30 厘米，增加大量的储物空间

墙面设置了整排的柜子

沙发前做了可以容纳 **6 ~ 8** 人的隐藏式餐桌，方便朋友来访时使用

软性隔帘既区隔了空间，又不阻挡光线

装饰一新的客厅，集办公会客于一体，灵活储物的同时，设计师也综合考虑到猫咪与家人的和谐相处

两人旅行中所收集的纪念品展示在房间里，亲切而富有艺术气息。磁性墙面可以作为工作墙使用

床下预留了足够的空间，白天不使用时，被褥可以与床一起隐藏在床下。

○隐藏的卧室

在床和客厅的区域做了个软性的帘子，拉开窗帘之后光线还可以进来，不会让客厅成为没有光线的死角。

设计师考虑到女主人在家工作的时间比较多，为了合理有效地利用空间，将床隐藏在地柜下，并留有足够的空间收纳被褥。这样的设计既节省了空间，又避免了床铺被猫抓的可能。

隐藏的床

将床隐藏在地板下，空间便可以作为画室使用

厨房与客厅的移门，以隔声玻璃为主要材质，解决了男主人因为练琴而吵到女主人的问题。

有爱的猫咪小窝

方便取用的猫抓板

○阳台工作间

整面窗户增大了屋内采光

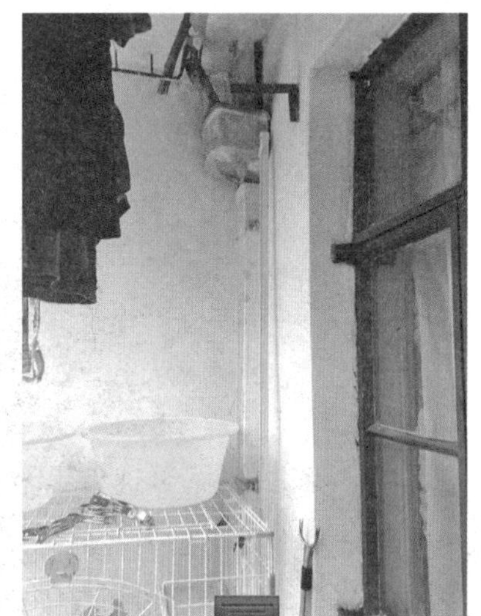
改造前阳台

阳台上安装了大面积的玻璃，不仅解决了采光问题，也与室外景色相融合。设计师在阳台转角处还为三只猫咪设置了晒太阳、磨爪和休息的位置。

地板下亚克力材质的运用，增加了整个房间的灵活性

工作间全景

视野开阔的阳台作为女主人的工作间

阳台处为猫咪设计了晒太阳、磨爪的区域

○完美呈现四大家居模式

起居模式

工作模式

睡眠模式

会客模式

○设计师个人资料

范继景

继景室内设计（上海）有限公司创始人
高级室内建筑师
2001 年至 2004 年就读于山东工艺美术学院环境艺术系，2005 年至 2006 年就读于同济大学室内设计系

荣誉奖项

2015 年金创意奖全国十佳创新设计师
2015 年法国双面神设计师奖
2015 年全国十佳新人设计师奖
2014 年金堂奖获奖设计师
2014 年美标杯室内商业空间设计一等奖

北京百年四合院
中西合璧完美调和

一辈子的家

○基本资料

- 地点：北京
- 房屋类型：北京四合院
- 家庭成员：委托人王先生、王先生的爱人、王先生的女儿女婿、王先生的外孙
- 装修总造价：**27.5** 万元
- 设计师：琚宾

改造总费用 27.5 万元		
硬装花费	材料费：18 万元	24.5 万元
	人工费：6.5 万元	
软装花费	3 万元	

王先生今年七十多岁，退休前，他是清华大学摄影系的教授，熟悉老北京城的角角落落。拍了一辈子照片，他最喜欢的还是自家门前这片叫做东四的胡同。皇城根下的这片胡同，从东四首条到现存的九条，据说从元代起就是这样的格局，至今未变，而王先生的家，就在东四六条。他至今仍然记得小时候刚搬进来时，这座院子的气派。可惜的是如今的四合院大都变成了大杂院。

1 房屋状况说明

一层原始空间

二层原始空间

门前的白杨树和门后的老槐树，是王家房子的标志。王家的房子由新旧两部分组成，内部贯通，新屋的二楼住着王先生的爱人和小外孙。一楼的厨房紧挨着老屋的两个房间。北面没有窗户的房间住着女儿女婿，另一间是王先生的卧室、书房，也是一家人的客厅兼餐厅。

○由于空间有限，家里唯一的书桌只能给小外孙使用

全家采光最好的二楼空间和唯一的一张书桌都让给了小外孙

教了一辈子书，王先生却至今没能有一张安静的书桌。他最大的愿望就是拥有自己的书桌，能够写东西、画画。王先生的父亲是中国小提琴制作第一人，母亲是教师。一张小小的书桌，当年让给父母，如今当然是让给刚刚六岁的小外孙。小外孙是一家人的宝贝，正在读小学，全家最好的二楼空间和唯一的一张书桌都让给了他。家里一老一小都需要安静，女婿小张没事只能到院子里转转。

王先生的临时书桌兼一家人的饭桌

○储物空间严重缺乏

厨房里的锅碗瓢盆和电器无处安放

王先生搞了一辈子摄影，光胶片就有上万卷，再加上七八千本书，屋里几乎没有落脚的地方了。几十年积攒下来的各种杂物堆满了整个家，许多东西都没有合适的地方存放。

书柜上方堆满了各种胶片

在能插进去的缝隙里塞满了各种资料

卧室里也堆满了生活必需品

○没有地方晾晒衣物

一家五口衣物太多，晾晒衣服的地方严重不足，不仅家里的各个房间都有临时的晾衣架，连厨房的灶台上方也常常晾满了衣服。

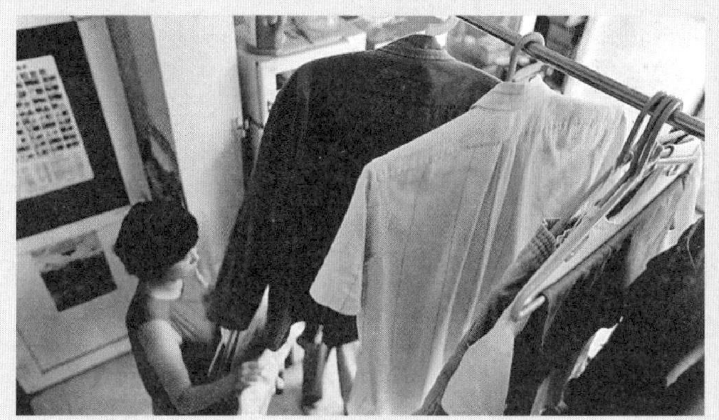

屋子里晾满了衣服

○房子存在安全隐患

具有两百年历史的老房，曾经发生过吊顶掉下来的情况。虽然曾经翻修过，但仍然存在不少安全隐患，需要尽快处理。

房子存在安全隐患

○老人需要独立的休息空间

王先生平时睡眠不佳，为了不影响爱人，一直自己单独睡，也希望以后能保持这样的状态。

王先生希望有独立的空间休息

○厨房设计不合理

位于中间的岛台成了每天做饭时的障碍，需要不停地绕来绕去，十分不便。由于抽油烟机位置不合理，油烟时常飘到二楼，影响家人健康。

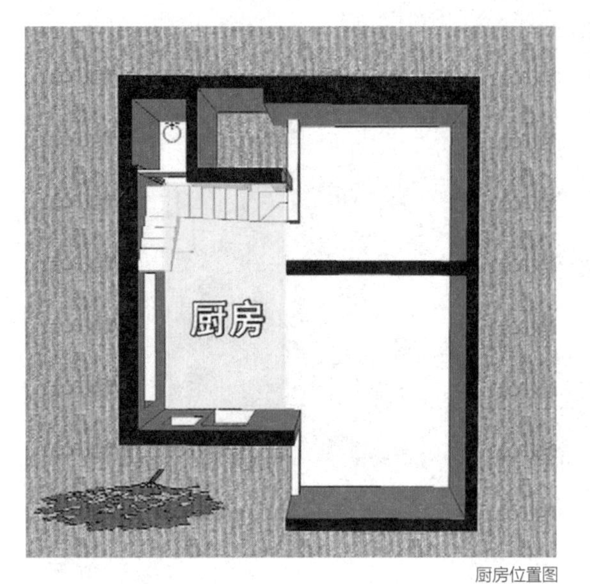

厨房位置图

抽烟、排烟不畅

岛台设计不合理

油烟经常会熏到屋里晾晒的衣物，并飘到二楼

○一楼卧室采光差

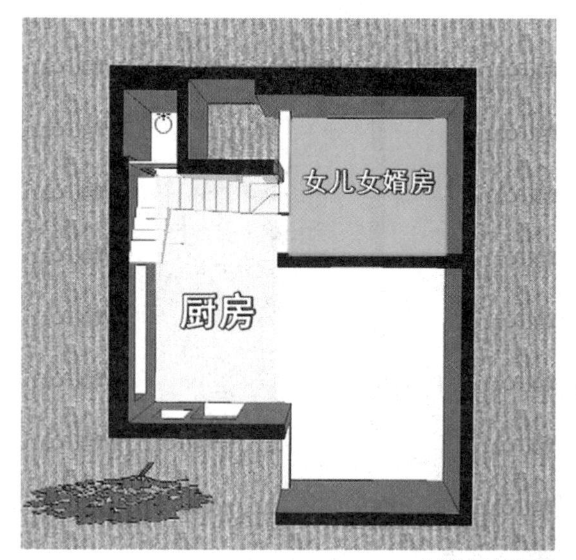

女儿女婿房位置图

由于被两棵大树遮挡，天井上方又加了一个防盗网，整座房子，特别是女儿女婿的卧室采光非常差，白天都需要开灯。

天井的大树严重影响了室内采光

○楼梯过于陡峭

楼梯狭窄陡峭，王先生的爱人腿脚不好，又需要不断地上上下下，非常辛苦。

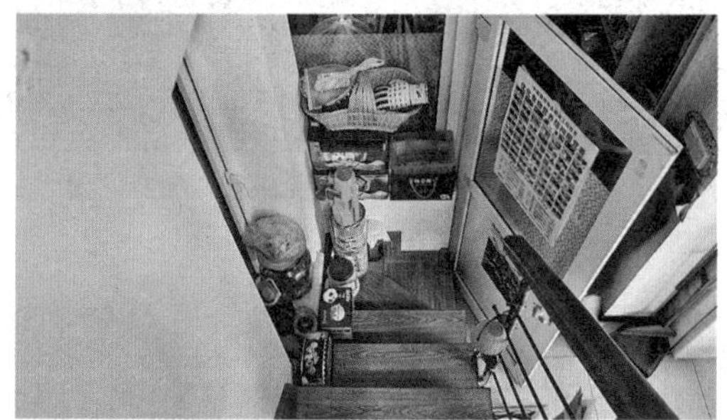
楼梯下方与一楼卧室相连，动线不合理，出入不便

楼梯非常陡峭，上下楼不便

楼梯由细小的钢筋支撑，非常危险

○天台利用不充分，屋顶过薄，冬冷夏热

阁楼屋顶较薄，冬冷夏热

由于房子是平顶，屋顶又较薄，尤其在夏天，二楼室内非常热。在加建位置的楼顶天台由于通行不便，家人很少上去，没有充分利用。这一次的案例改造，除了要满足一家人各种各样的实际需求，还要在心理层面上保留一家人对于老屋的感情。

陡峭的天台楼梯，是老人和孩子的禁地

阁楼上方是平顶，夏天非常热

2 原始空间分析

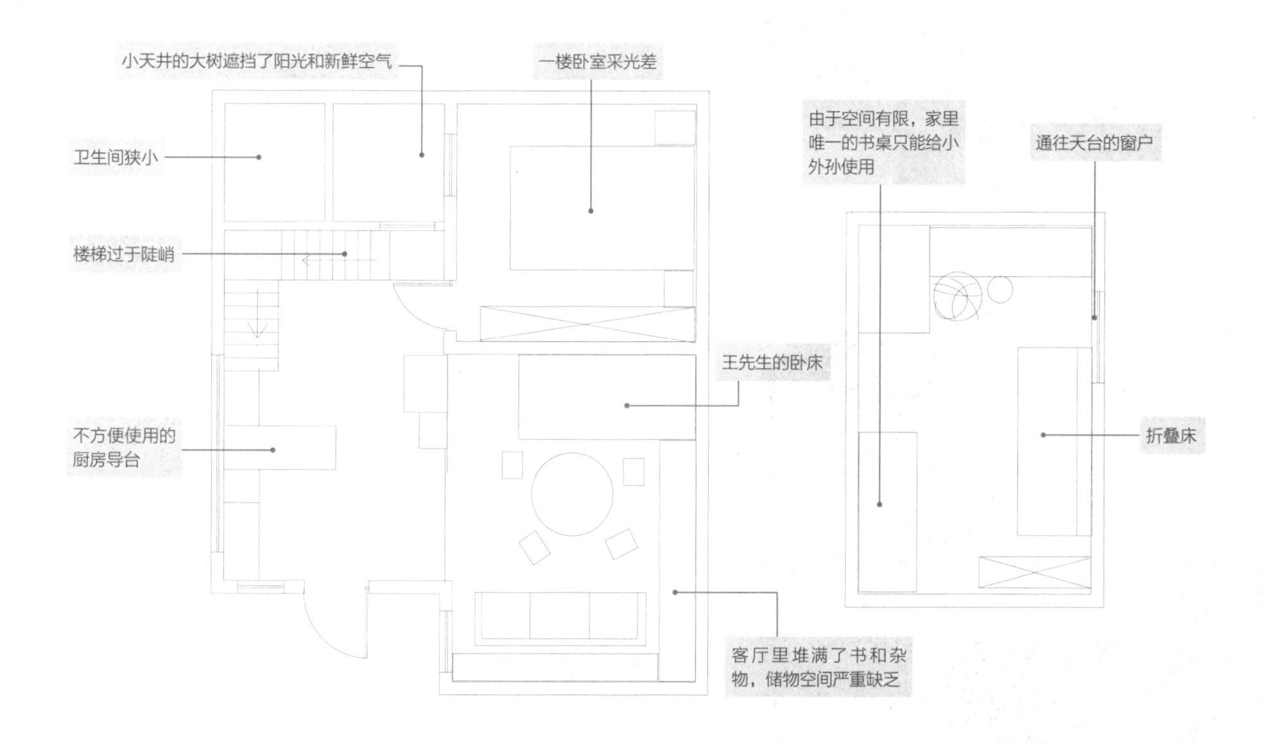

3 改造过程中

随着梦想改造家施工队的入驻，改造工程拉开了序幕。王先生的家分为新旧两栋建筑，老房子经过多年的层层加建改造，如今已经很难看清原来的结构。施工队按要求打开了老房子的屋顶，露出了里面古老的木结构。

已经开裂的木梁

大的梁使用钢构件加固房梁

○固定老屋的主梁

打开屋顶后，工人们颇为紧张地发现，百年老屋的主梁已经出现了裂缝。施工队使用传统工艺，在木梁上箍了九个铁环，用螺丝收紧，使梁木的木纤维不再膨胀。在主梁两端的墙体上，也使用钢架进行加固。

梁上面的小裂缝，用木屑填平，塞到裂缝当中，然后用一些胶把它们粘到里面，最后在外面再打一层蜡

○顶面的装饰处理

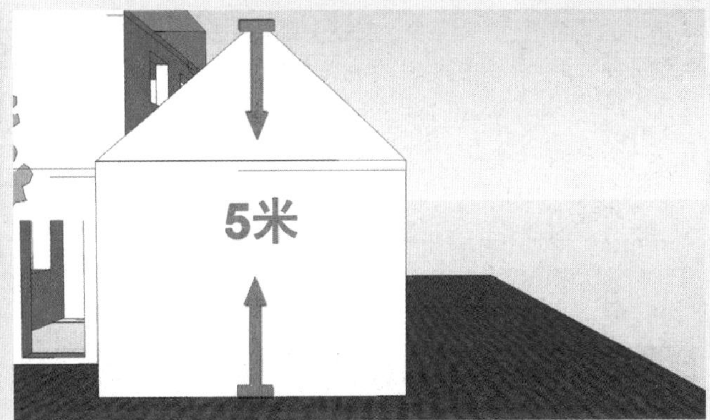

屋梁的问题得以解决，但对于这样有内部高度的结构，设计师似乎并不打算充分利用。整个房顶的最高处为 5 米，最底处为 2.3 米，如果做夹层，很难保证上层有足够站立的空间，舒适度太低。按照设计师的要求，施工队将主梁留出，剩下的地方全部用石膏板进行吊顶。这种做法，营造了简洁、具有现代感的屋顶与古老木梁的强烈对比效果。

○为老房子做防潮处理

涂抹保温材料

涂抹防水材料

老房子常年潮湿，是一个特别严重的问题。在设计师看来，这次改造最重要的基础工程就是防水。设计师在户内外全部做了防水。老房子地处北京，夏天阳光直射强烈，冬天又十分寒冷。因此，设计师专门使用特殊的保温材料，在二楼做了保温隔热处理。

○利用木龙骨找平墙面

老房子的墙面已经不再平整，通过垫木条并在表面贴石膏板处理的方法，可以还原墙面的平整度。

通过木龙骨找平墙面

○保留两颗老树，同时解决卧室通风、采光、排水问题

老房子需要解决的另一个问题是采光。房子前后的两棵大树很影响采光，但因为对这两棵大树很有感情，家里人一直不舍得动。前后的这两棵树本身就是这个房子的生命，也是人和自然之间一种息息相关、和谐相处的象征。

房后的老槐树被一道木板拦腰封住，设计师打开了封板，用天井式的做法引进采光和通风。为了防止大雨积水，向外快速排水的设计非常重要。于是，设计师在天井下方设置了向外排水的水沟。

房后的大槐树

迎客的门前大槐树

在不破坏结构的基础上，扩大窗户

小天井下设置排水沟，方便快速排掉雨水

尽管打开天井引进了部分采光，但是要全面解决老房子阴暗的问题，还要采取进一步的措施。在不伤害原有建筑结构的情况下，让窗户尽量变大，以便使光线尽量射入室内来。

拆除阻碍光线的铁丝网，引进采光和通风

○安装双层真空玻璃窗

新做的窗户使用了双层真空玻璃，具有很好的保温隔热效果，特别适合北方的气候。

安装双层保温隔热玻璃

○拆除原有楼梯，安装钢制楼梯

设计师考虑拆除原有笨重陡峭的楼梯，在一楼转角处增加了三级缓坡踏步，使楼梯不再那么陡峭。采用钢结构，把楼梯结构整体做出来。钢板 2 厘米厚，每平方米承重在 150 千克左右，表面处理采用能达到汽车工艺标准的复合碳防锈。考虑到楼梯有部分的承重功能，设计师特别增加了一堵墙来用于支撑。

在一楼转角处增加了三级缓坡踏步

采用 2 厘米厚的钢板制作楼梯结构

拆除原有楼梯

在楼梯旁增加一堵墙来用于支撑

○重新规划厨房空间

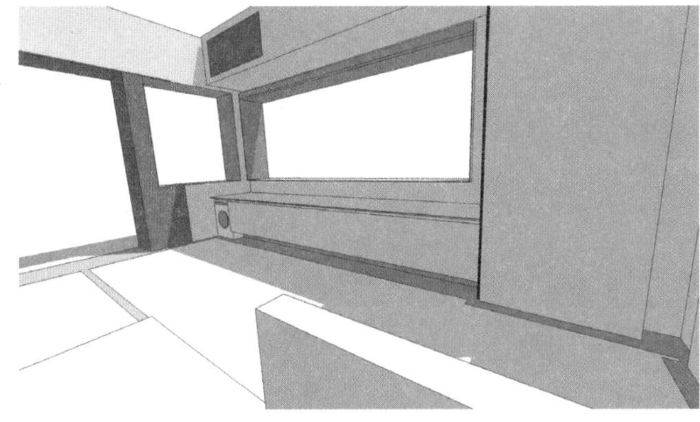

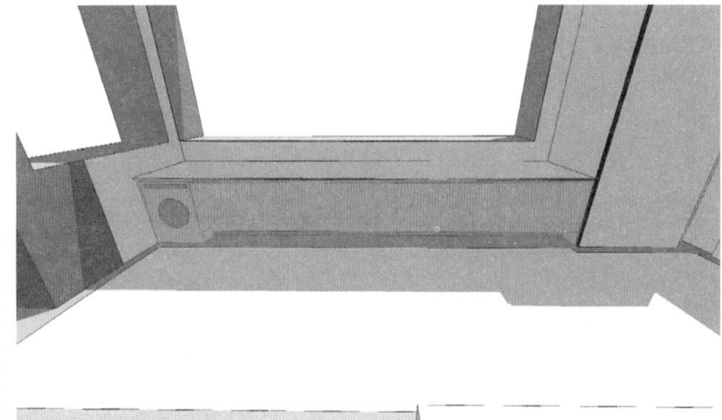

改变导台位置，将导台移到窗下

原来的厨房里岛台横在中间，操作起来极为不便。因此设计师改变了整个台面的方向，将台面设在了紧贴墙面的位置。调整岛台走向后的厨房，空间变大了。此外，设计师计划将餐厅也挪到厨房，并在王先生的书房和厨房之间加装四扇木饰面移门作为隔断，除了保证透光和私密性之外，设计师还在装修风格上兼顾了文化的统一。

在客厅和厨房之间加装四扇木饰面移门

○重新规划卧室空间

在施工过程中，王老夫妇提出将来小外孙长大了，可以单独睡一张床，但仍要和大人一个屋。了解清楚了一家人的诉求后设计师进一步完善了平面布局的方案，将小夫妻的房间搬到二楼，一楼的卧室则调整给王先生爱人和小外孙使用。

○储物问题的解决

储物是王家最头疼的问题，特别是那七八千本藏书和满满的杂物。为此设计师在家具厂专门定制了适合房间高度的书柜，并在书柜下安装了方便抽拉的轮子，大大满足了储物的需要。

设计师将原有房间的墙拆除，以书柜作为隔断，特别设计的档案式书柜变成了可灵活抽拉的储物间。而在房间的其他小角落里，设计师也增加了许多柜子，以满足一家五口人的储物需求。

家具厂定制的可以储物的书柜

表面涂装木器漆

书柜下安装可以方便拉伸的轮子

其他空角落增加储物空间

重新装饰老物件

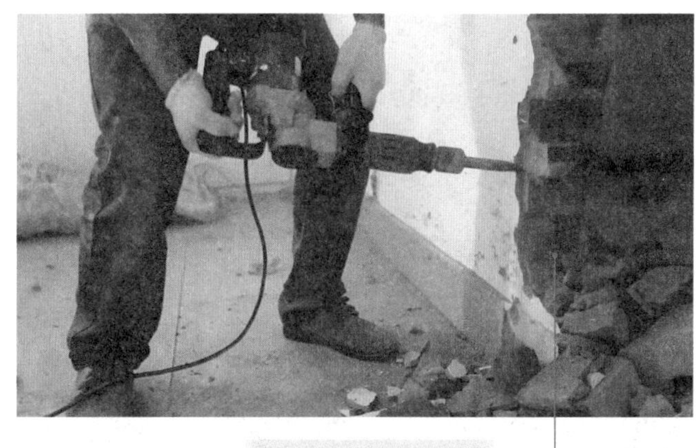

拆除原有主卧与客厅之间的墙体，以书柜作为隔断墙

以书柜作为隔断墙

书柜抽拉连接件

○粉刷外墙，将房屋建筑与周围建筑融为一体

在这座王老师一家钟爱的四合院里，新加建的红色小楼显得十分突兀。让这栋建筑与周围老房子融为一体，在这次老房子的改造中，也有着很重要的意义。设计师打掉了原有的瓷砖，将整栋房子漆成了白色。

打掉原有瓷砖，将墙漆成白色

与周围环境不和谐的红色小楼

○改造楼顶天台

出于安全考虑，楼顶天台是王老师和小外孙的禁地。对于这片区域设计师也进行了改造。设计师选用新型材料加气混凝土砌块，代替沉重的混凝土，以确保露台的安全性。

增加了人的安全感和围合度

利用加气混凝土砌块砖代替之前的围栏

室外地板采用花旗松材质，经过防腐之后在干燥窑里进行碳化。这是一种纯天然、防紫外线的材料，而且防虫蛀。自然环境下比平常的木头更耐磨、更耐用。因为通往露台的楼梯十分陡峭，设计师特别改造了楼梯上口的走向。在外墙体增加了一个轻盈而坚固的不锈钢楼梯，这样不仅减小了坡度，还方便了一家老少上上下下。

改变楼梯原有走向

室外地板铺设耐磨防腐地板

焊接轻盈而坚固的楼梯

装修小贴士

• 加气混凝土砌块

加气混凝土是一种轻质多孔的新型建筑材料，具有容重轻、保温效能高、吸声好和可加工等优点，可以制作成墙砌块、保温块、压面板、楼板、墙板和保温管等制品。加气混凝土砌块在我国已经广泛用于工业与民用建筑中承重或非承重结构和管道保温，成为新型建筑材料的一个重要组成部分。

加气混凝土砌块分为粉煤灰加气混凝土砌块和砂加气混凝土砌块，其中粉煤灰加气混凝土砌块由于吸水率大、干燥收缩率大等原因，在建筑工程中使用后容易出现墙体裂缝、空鼓脱落等问题。

• 防腐木地板

防腐木地板是将普通木材进行防腐处理加工，普通木材地板在经过防腐处理之后性能大大提升，起到了防腐、防霉、防蛀、防白蚁的作用。

现今防腐木地板是户外使用最广泛的木材之一。可专门用于户外露天环境，并且可以直接用于与水体、土壤接触的环境中，是户外木地板、园林景观地板、户外木平台、露台地板、户外木栈道及其他室外防腐木凉棚的首选材料。

将入户外墙粉刷成白色以到达与周围环境的统一

4 改造前后平面图对比

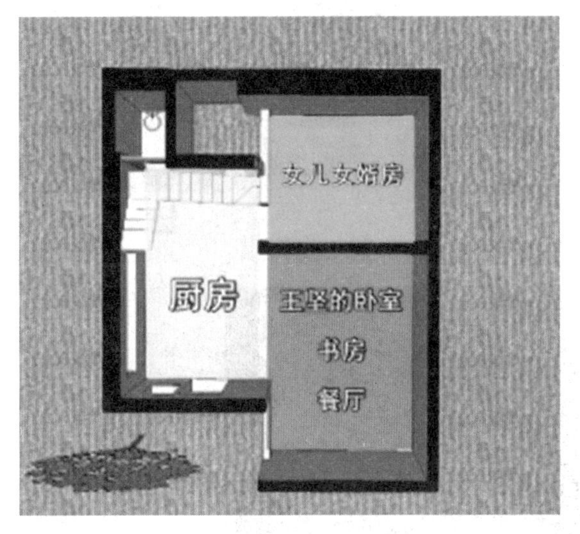

改造前一层平面图

改造前二层平面图

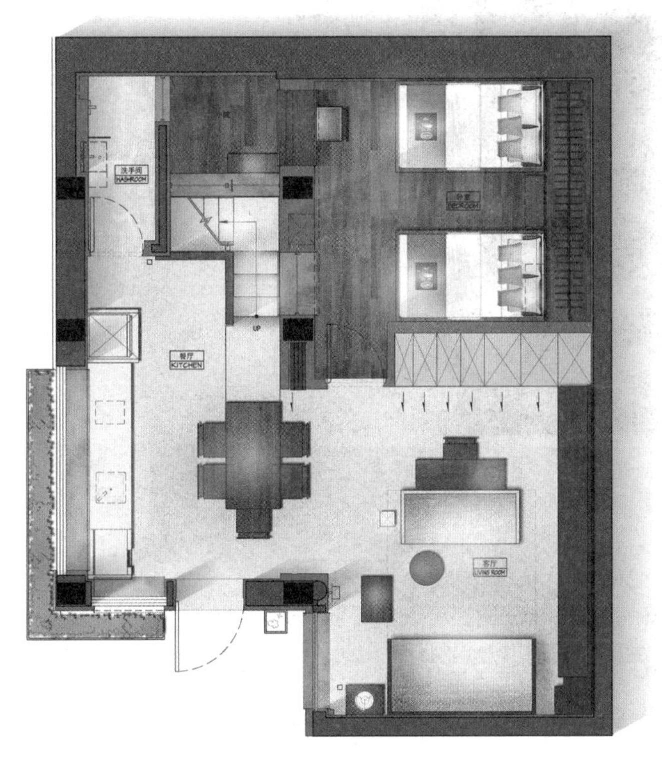

改造后一层平面图

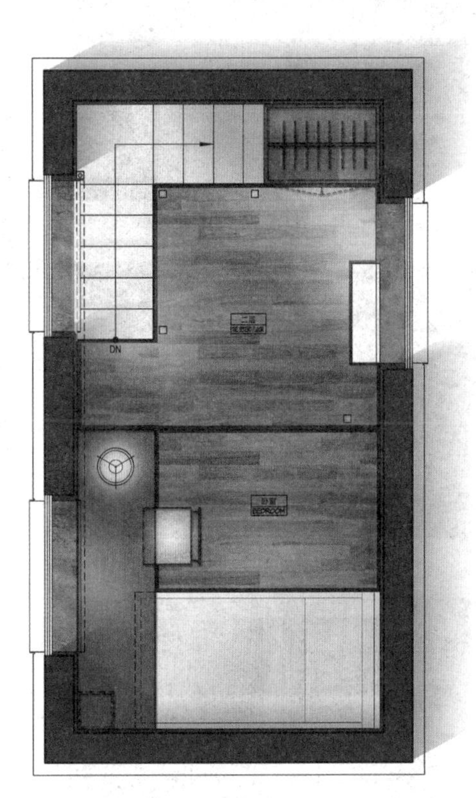

改造后二层平面图

5 改造后成果分享

历时两个月，装修工程接近尾声。经过处理的白色外立面在前后两颗古树的映衬下显得很轻盈，颇具简约之美。

改造前厨房

○方便实用的厨房空间

“一”字形方便实用的厨房

厨房岛台功能齐全

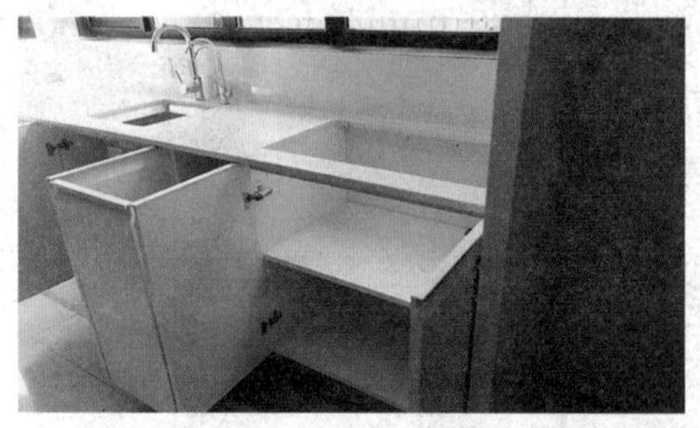

柜体留有大量的储物空间

厨房正对客厅以隔栅区隔

木饰面格栅打开状态下，客厅与厨房相互贯通

重新规划的空间和加大玻璃窗户让整个厨房显得明亮而温馨。靠墙设置的超长橱柜平台既不占用空间，又根据王先生爱人的要求量身定制。

四扇古朴的木质移门既实用，又富有韵味，不仅起到区隔作用，还使空间显得更加错落有致。

厨房与客厅间的木饰面格栅，平时可以推开

○充满书香与文化韵味的客厅

整体打开的老屋屋顶，让整个客厅空间显得大气而通透。顶上露出的木梁，轻巧地点出了老房子的沧桑和历史。王先生母亲留下的两个樟木箱子，其中一个被设计师改造成了茶几，既有曾经的记忆，又增加了实用性。一个特质的玻璃柜，成为这一家子几十年的风风雨雨的展示空间。

改造前客厅

大气而通透的老屋屋顶

大量的图书终于可以放在隐藏的书架里

功能齐全的客厅会客区

客厅沙发兼王先生的卧床

特制的玻璃装饰柜

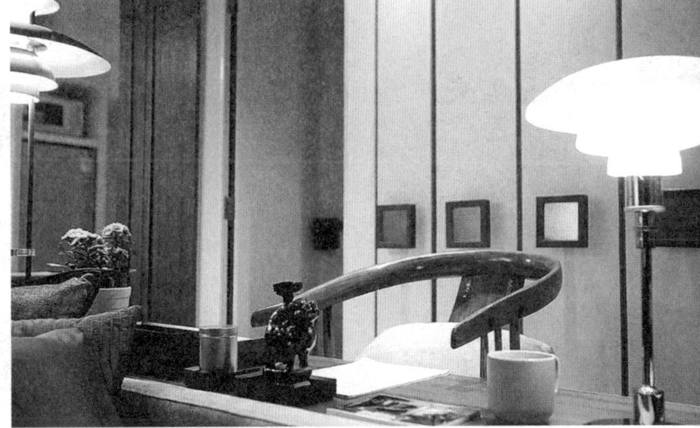

特制的写字台和焕然一新的旧椅子，王先生一直以来的愿望终于得以实现

王先生母亲留下的樟木箱子既可以储物，也可以作为活动的茶几

整体书柜与主卧门相互联系

○王老夫人与小外孙的卧室

设计师在一楼客厅内侧的卧室设置了两张量身定制的床供王先生的爱人和小外孙休息，大量的柜子也为他们提供了足够的储物空间。

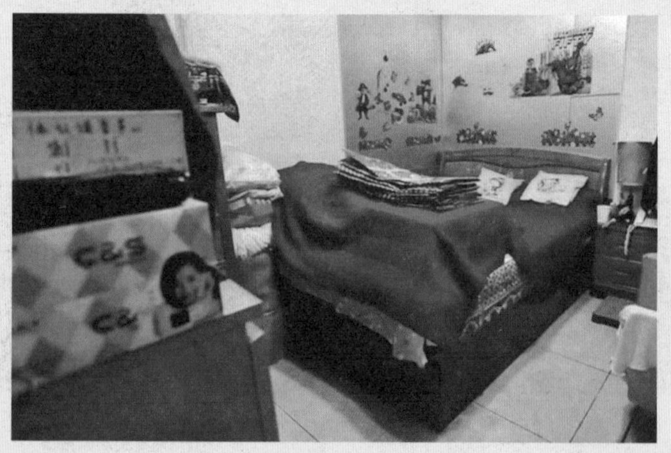

改造前的卧室

两张量身定制的床，供王先生爱人和小外孙使用

储物空间充足的储物柜，包括床下的储物柜在内的充足储物空间

床铺靠墙的两面也设置了整排的柜子

利用主卧的两扇窗户间的空间作为展示架和储物柜

○干湿分离的卫生间

楼梯底部的卫生间增加了干湿分离的设置，明亮通透的内部环境，让一家人终于可以跟曾经狭小、逼仄的卫生间告别了。

改造前卫生间

楼下卫生间

干湿分离的卫生间

卫生间的储物柜

○二层小夫妻卧室

二楼的空间全部留给了王先生的女儿和女婿，在保证私密性的前提下，还特别增加了大量的储物空间。

设计师在二楼空间还特别设置了抽拉床，安排的大量储物空间让这对小夫妻也有了一个新的天地。

改造前的卧室

特别设置的抽拉床

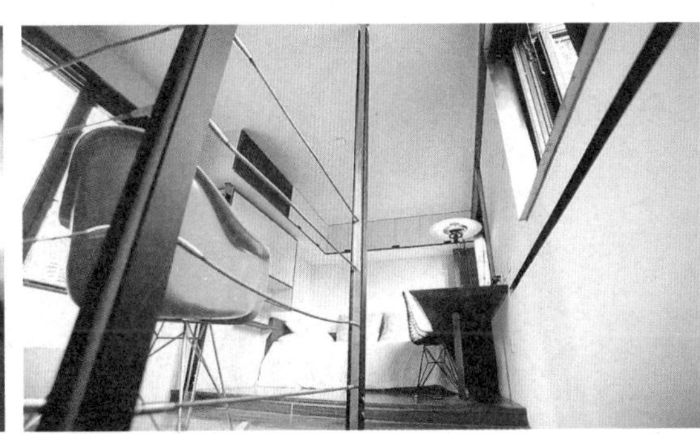

结实耐用的楼梯栏杆

大量的储物空间

二层通往天台的门

○改造后的天台

通往天台的楼梯改变了转向，顺应着白色的墙面缓慢向上延伸，既漂亮，又安全。

经过围合处理的天台，既增加了安全感，又显得格外美观，特意铺设的室外木地板又令整个空间显得温暖舒适。经过设计师的重新规划，这个显得十分突兀的建筑和拥挤的室内空间变成了一套地标式的经典住房。

雨水口

通往露台外的楼梯

重新改造的露台不仅为王先生家人提供了放松休闲的区域，还解决了曾经困扰一家人的晾晒衣物的问题

○设计师个人资料

琚宾

高级建筑室内设计师
创基金理事
水平线设计品牌创始人、创意总监
中央美术学院建筑学院、清华大学美术学院实践导师、四川美术学院研究生导师
中国陈设艺术专业委员会副主任

荣誉奖项

2015 "光华龙腾奖"中国设计业十大杰出青年
2015 福布斯中文版最具发展潜力设计师 30 强
2015 金座杯·中国建筑室内设计卓越奖
2015 AD100 最具影响力的国际建筑、设计精英中国榜
2014 中国设计年度人物
2012 年度中国室内设计十大最具影响力人物
2011 年度中国室内设计十大最具影响力人物

14 平方米巧改四室两厅三卫

风景里的家

○基本资料

- 地点：上海
- 房屋类型：老城隍庙 14 平方米传统老宅
- 家庭成员：郑女士家 6 人（委托人郑女士的奶奶、父亲、姑姑、姑父、委托人及女儿）+ 干家 3 人
- 装修总造价：39.2 万元
- 设计师：史南桥

城隍庙——老上海最繁华的商业街，汇聚了众多好吃的、好玩的、好看的，每天川流不息的游人，和周边保存完好的古建筑群落，构成了上海老城厢里最热闹的风景。委托人郑女士是广告公司职员，在出嫁以前，她一直就住在安仁街旁的百年老宅里。郑女士的家非常小，小到从街边路过，不留心的话，你会错过它的门口。郑女士的父亲和姑妈、姑父也住在这座老房子里，每次郑女士回来，年过八旬的奶奶，都要坚持亲自下厨。为了奶奶的这份心意，郑女士每个周末都要带着女儿回来，一大家人聚在一起。

改造总费用 30 万元（委托人郑家）		
硬装花费	材料费：16 万元	22 万元
	人工费：6 万元	
软装花费	2 万元	
其他花费	加固费 6 万元	

改造总费用 9.2 万元（委托人干家）		
硬装花费	材料费：6 万元	8.4 万元
	人工费：2.4 万元	
软装花费	8 千元	

1 房屋状况说明

○入户走道狭长

郑家从外形来看是一套非常完整的古典江南住宅，但是房屋内部的结构却异常复杂。要到达郑家，需要先后穿过一层的走道、两段楼梯，以及二层的走道，这一整段"U"形的线路，足有 17 米。真正的居住空间其实只有二楼，仅仅 14 平方米，因为人口多、地方小，所以郑老爷爷生前给子女们又搭出了阁楼。整栋楼的一层，大部分的面积都属于商铺。

建筑外形为江南古典建筑

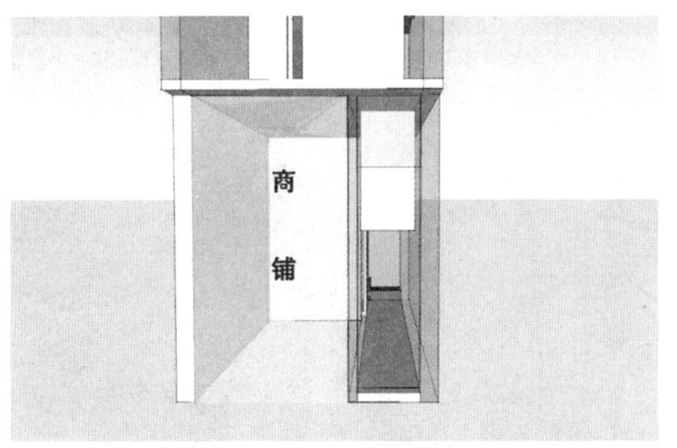

入户走道两面是商铺

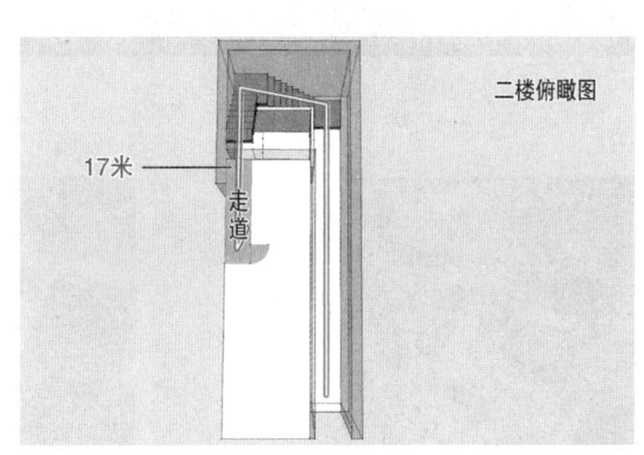

长达 17 米的走道

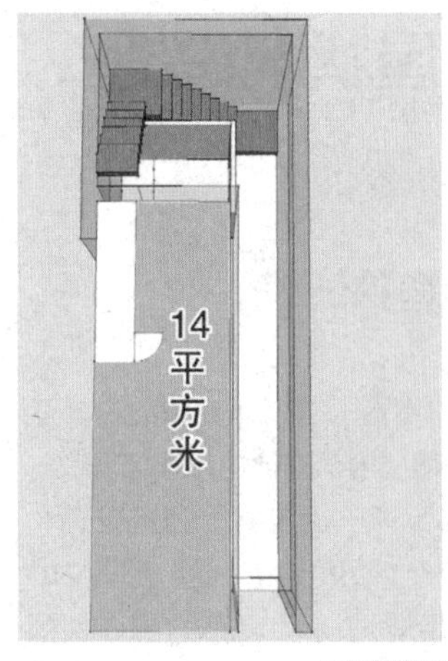

二楼俯瞰图

狭长的走道长有 **6** 米，宽却不足 **80** 厘米，只能算是两家店铺中的夹缝

○厨房兼卫生间

走道尽头的左手边，楼梯下方仅 **3** 平方米的小小空间，是郑家的厨房兼卫生间。厨房里加出的卫生间，对郑家来说已经省去了外出倒马桶的大麻烦，但是厨卫共用的现状依然是个大问题。

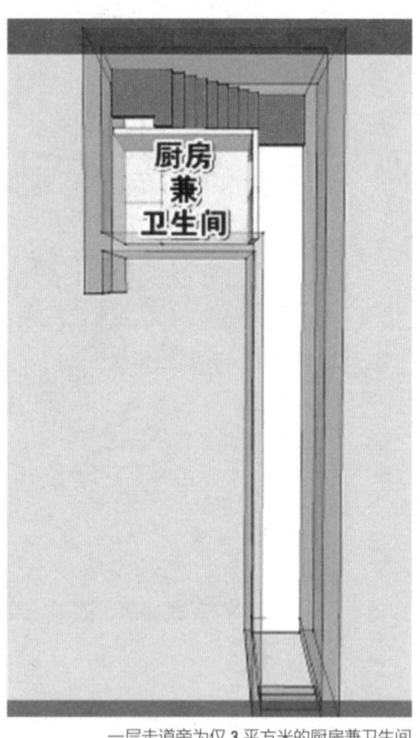

一层走道旁为仅 **3** 平方米的厨房兼卫生间

厨房缺少足够的储物空间

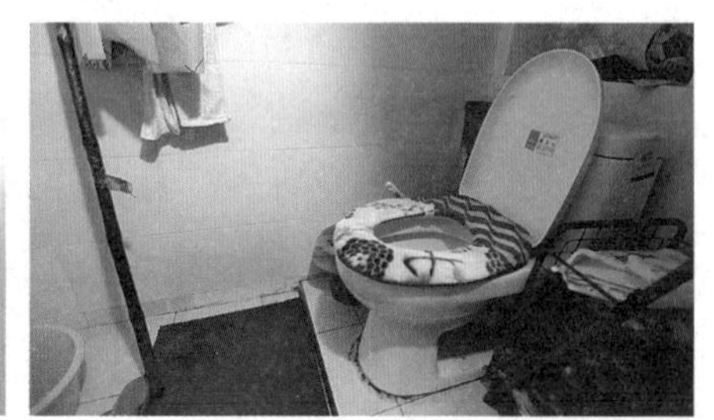

厨房与卫生间仅靠拉帘遮挡

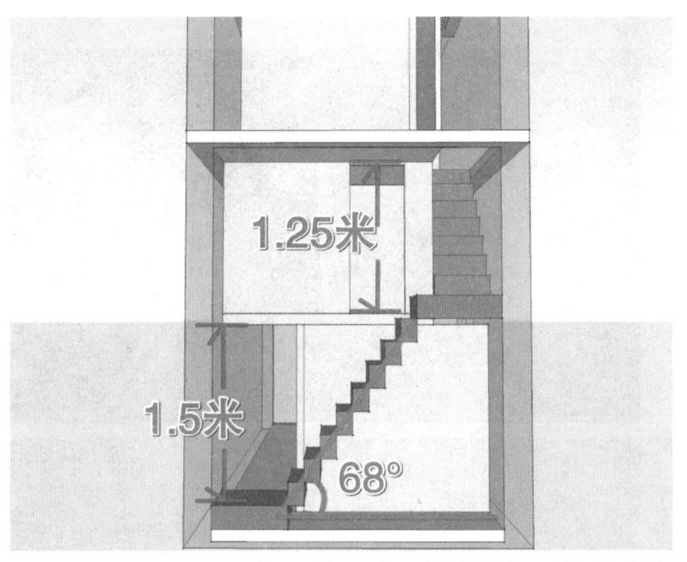

接近 70°的一层到一层半的陡峭楼梯，两端高度都非常低

○极其危险的楼梯

从一层到一层半的楼梯接近 70°，两端甚至无法使一个成年人站直；而从一层半到二层的楼梯更陡。因为厨房、卫生间都在一层，所以这两段陡到被全家戏称为“爬梯”的楼梯，却是每个人每天来来回回的必经之路。120 年的老房子，木质的楼梯本来就已经有些摇摇欲坠，台阶也有些打滑。想到在郑女士的爷爷意外去世之后，老奶奶还要每天爬这样危险的楼梯，不免让人心惊胆战。

打滑的台阶

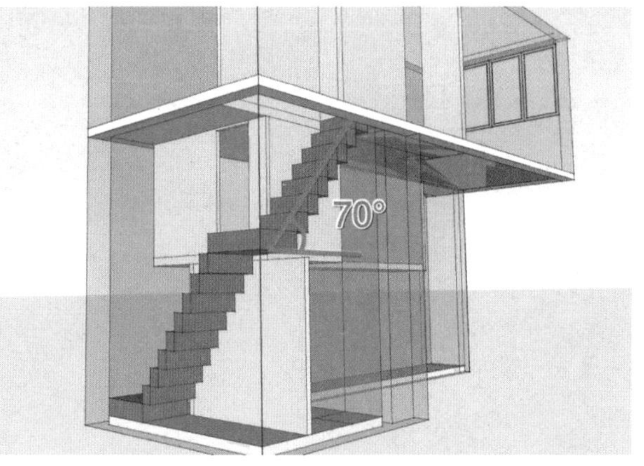

一层半到二层的陡峭楼梯

○闲置的空间难以充分利用

一层半的位置是郑家过去的马桶间，高度仅有1.25米，现在除了堆放杂物之外，毫无用处。其实这个储物间里面和一楼的过道上方是完全相通的，实际的面积并不小，只是因为空间的种种局限让它完全闲置了。

高度仅1.25米，堆放杂物的空间

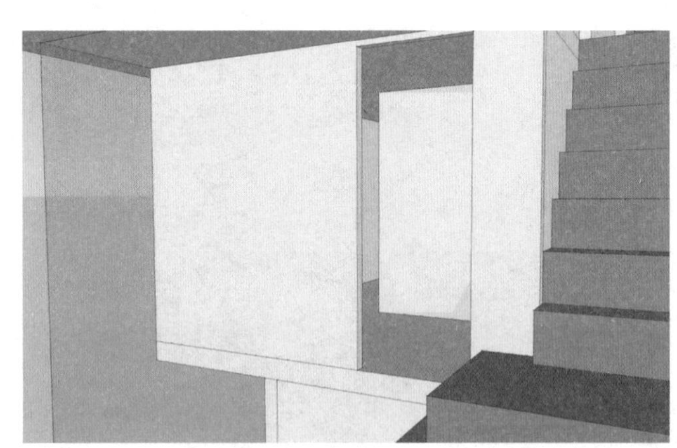

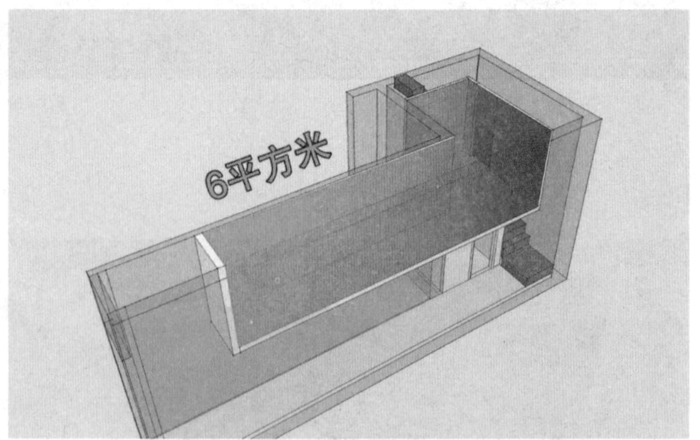

储物间里面和一楼的走道上方完全相通，实际的面积并不小

○二层的入户走道仅 55 厘米

上到二层，先到的是邻居家。要进入郑家，还要走到二层走道的尽头。二层的走道比一楼更加狭窄，仅有 55 厘米宽。一般人背个包都很难通过。

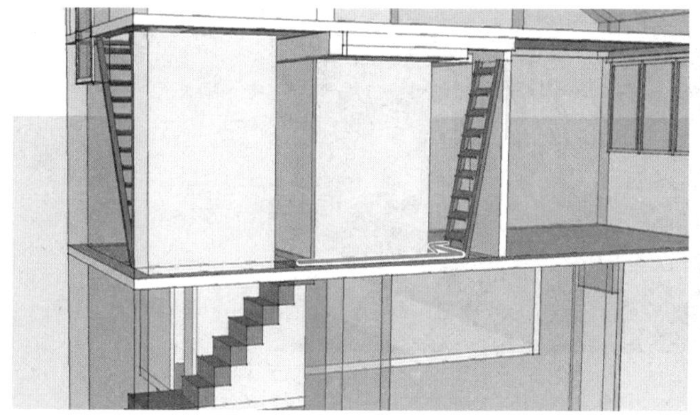

二层走道尽头是郑家，过道宽度仅 55 厘米

○客厅兼奶奶的卧室

只有 14 平方米的一间房，是郑家最主要的活动场所。北面是郑女士奶奶睡觉的床，南面是客厅，也是主要的收纳空间。一边放满了家电，一边塞满了橱柜，这样的客厅很难有客人的容身之处。

需要斜侧身子才能进入的客厅入户门

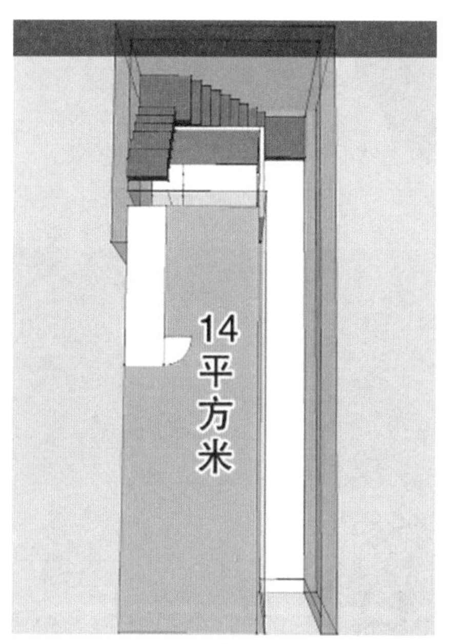

仅有 14 平方米的客厅兼卧室

家中唯一的储物柜

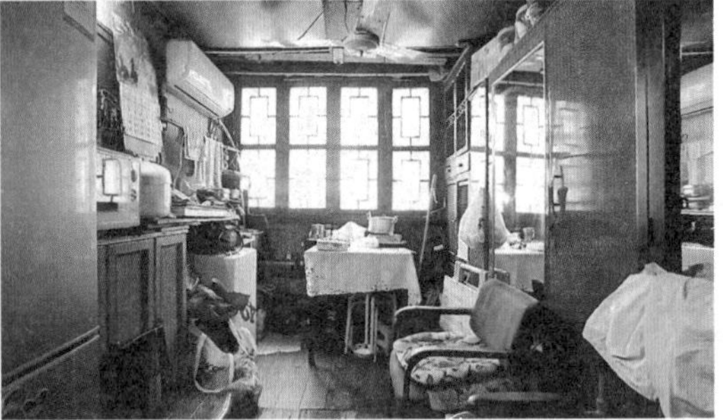

南面是客厅

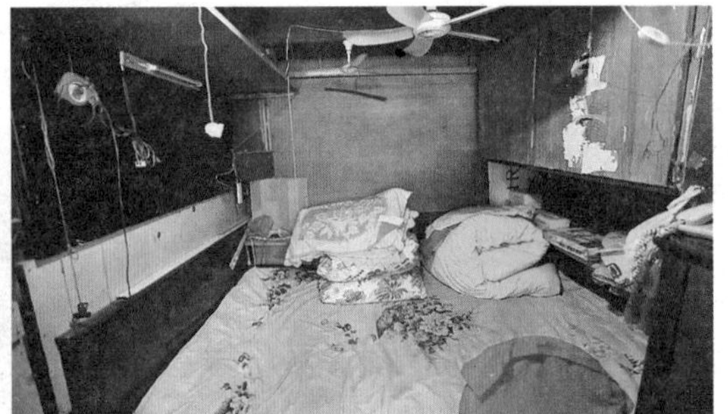

北面是郑女士奶奶的床

○通往阁楼的垂直扶梯

只有通过这把几乎完全垂直的扶梯才可以上到阁楼。这层阁楼是郑女士的爷爷为了儿女们亲手搭建的，平时仅供晚上睡觉用。除了老虎窗前的位置，所有的地方都是无法站直的，高度仅 1.3 米。

与入户门相邻的入户楼梯

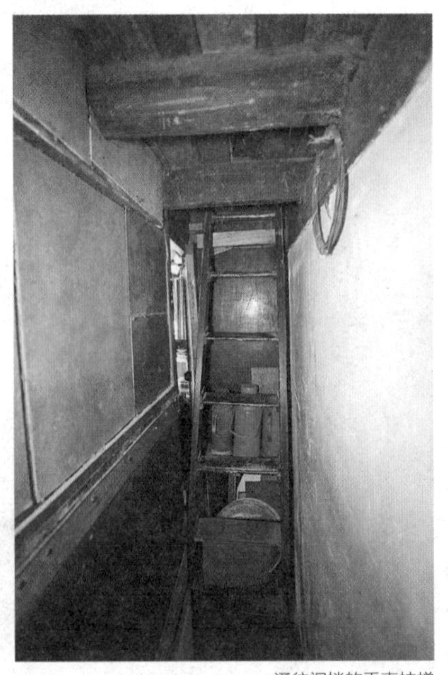

通往阁楼的垂直扶梯

○尴尬局促的阁楼

郑女士的姑妈姑父睡北边的床，郑怡的父亲睡南边的床。晚上就把帘子拉起来，上厕所十分不方便。虽说是亲兄妹，但毕竟是一对夫妻和一个单身汉，十几年同居一室，其中的尴尬可想而知。

里面的床是郑女士的姑父姑妈住

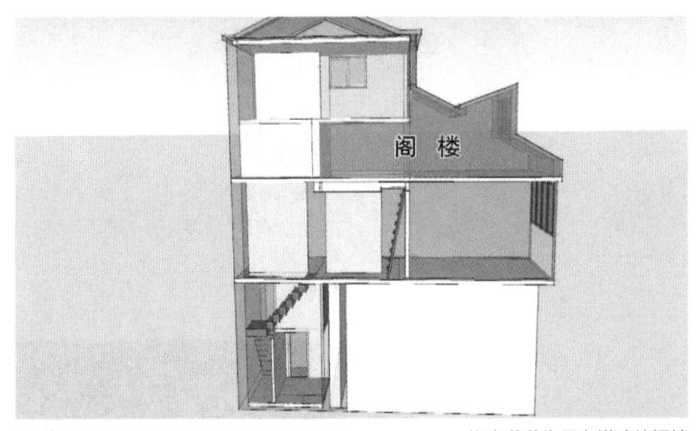

郑老爷爷为子女搭建的阁楼

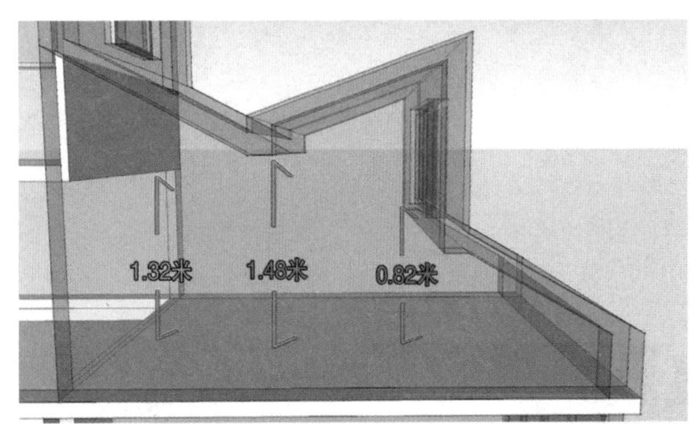

阁楼下无法站立

郑女士的父亲睡老虎窗下，仅用布帘做区隔

○邻居家面积更小

邻居干先生家比郑家还小，二层的面积仅有 4 平方米，但却可以直达三楼，整体高度达 6 米。因为面积小，干先生女儿的床完全悬在半空中，上下靠一个几乎垂直的扶梯。夫妻俩住在三层，依旧过着没有卫生间，仅有马桶的生活。

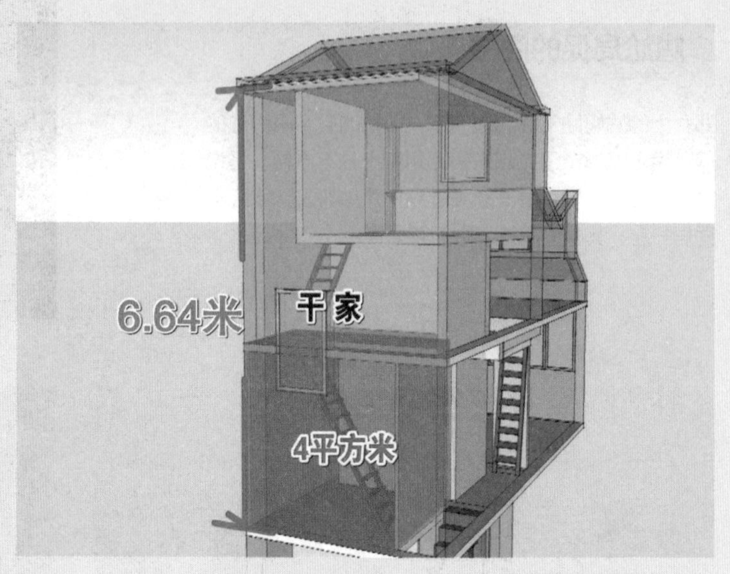

二层的面积仅有 4 平方米，可以直达三楼

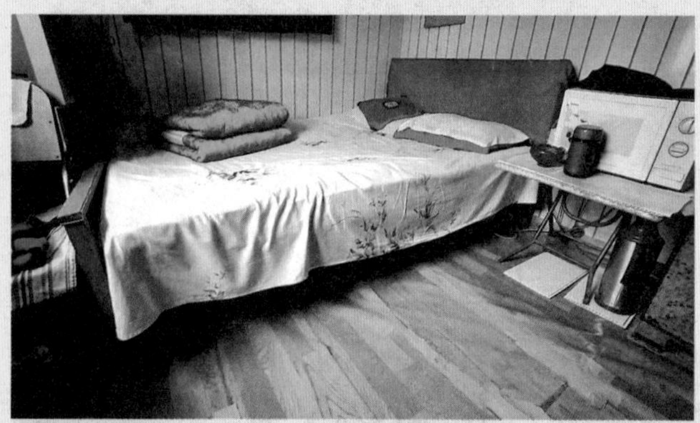

阁楼住着干先生夫妇

邻居干先生女儿的床悬在半空中，上下靠一个完全垂直的扶梯

○两家结构互相联系

干郑两家虽然在同一层楼里，但因为房子属于私房，所以走道和楼梯的产权都属于郑家，干家则拥有二层的一个小间和整个三层。换言之，如果郑家进行全面改造，势必要拆除危险的楼梯重建，届时，孤悬在上的干家人将完全回不了家。了解到这样的情况，设计师决定两家一起改造。

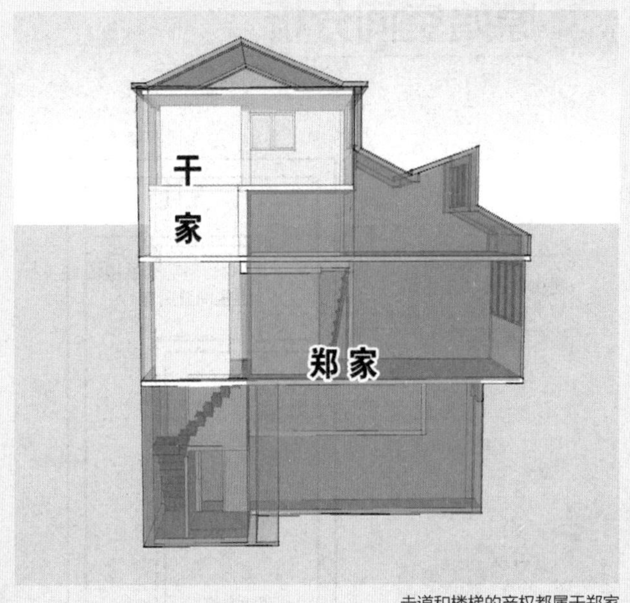

走道和楼梯的产权都属于郑家

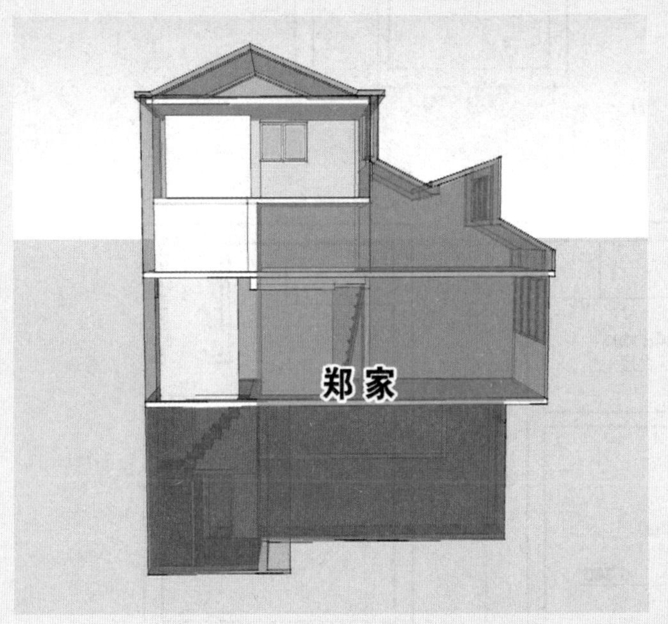

一层走道属于郑家，现在作为公共走道使用

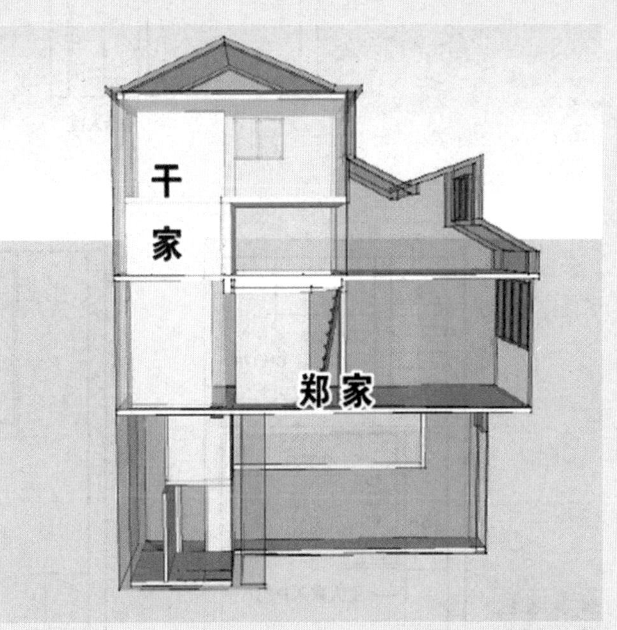

如果要拆除危险的楼梯重建，干家便回不了家

2 原始空间分析

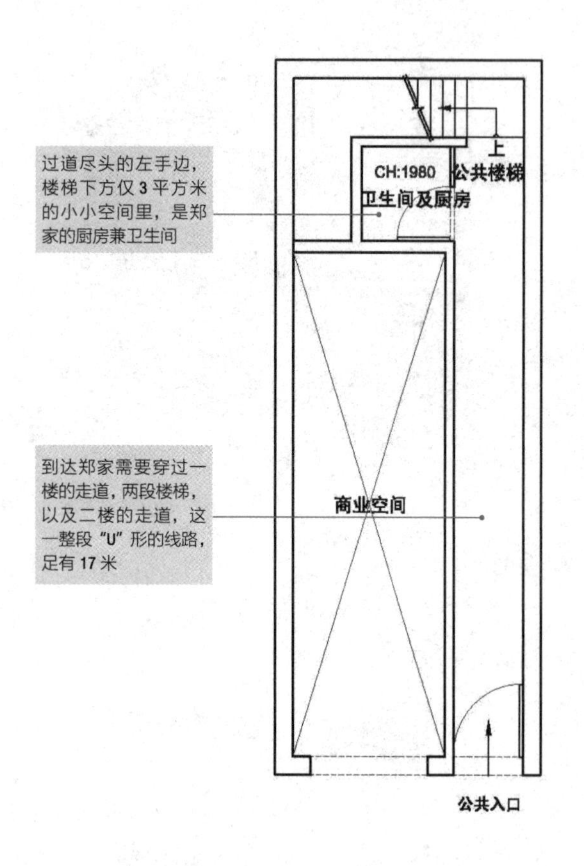
过道尽头的左手边，楼梯下方仅 3 平方米的小小空间里，是郑家的厨房兼卫生间
上
公共楼梯
CH:1980
卫生间及厨房
到达郑家需要穿过一楼的走道，两段楼梯，以及二楼的走道，这一整段 "U" 形的线路，足有 17 米
商业空间
公共入口

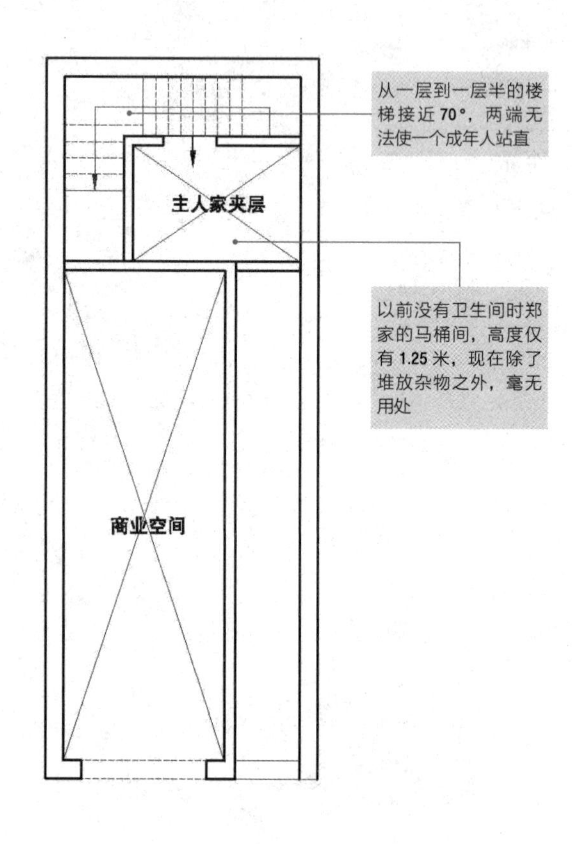
从一层到一层半的楼梯接近 70°，两端无法使一个成年人站直
主人家夹层
以前没有卫生间时郑家的马桶间，高度仅有 1.25 米，现在除了堆放杂物之外，毫无用处
商业空间

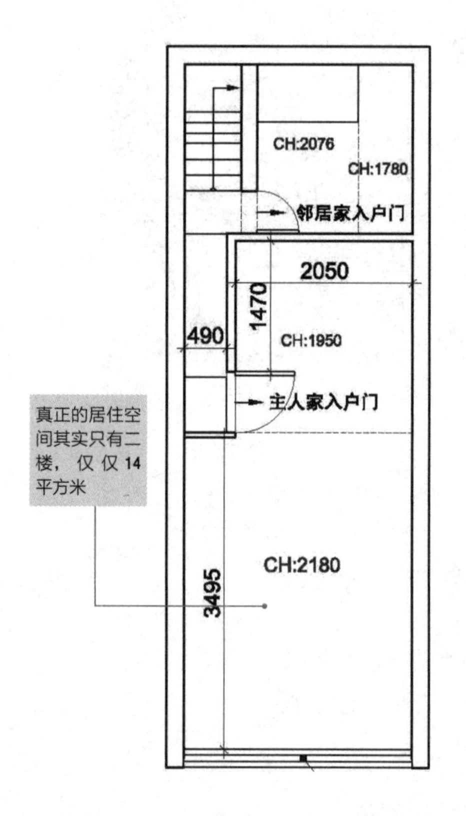
CH:2076
CH:1780
邻居家入户门
2050
1470
490
CH:1950
主人家入户门
真正的居住空间其实只有二楼，仅仅 14 平方米
3495
CH:2180

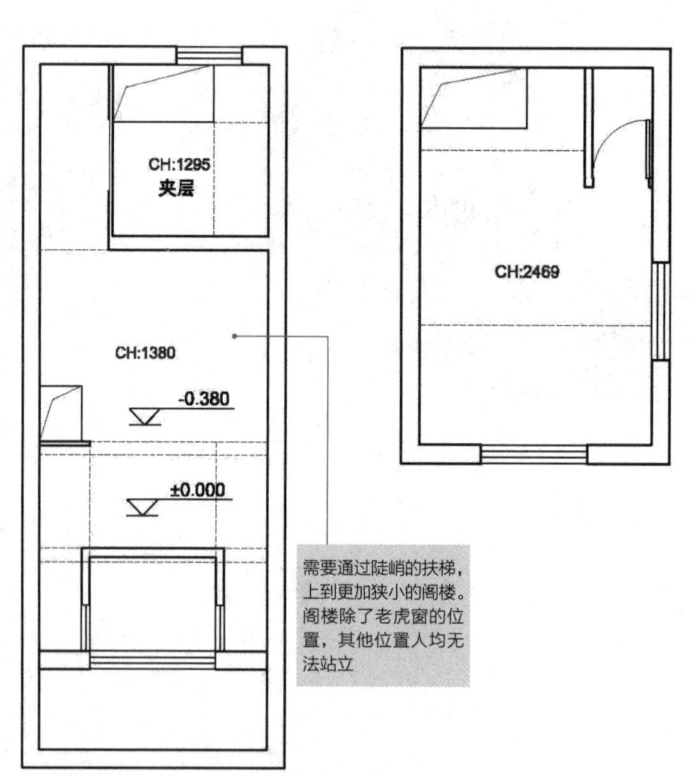
CH:1295
夹层
CH:1380
-0.380
±0.000
需要通过陡峭的扶梯，上到更加狭小的阁楼。阁楼除了老虎窗的位置，其他位置人均无法站立
CH:2469

3 改造过程中

○综合考虑百年老宅存在的问题，对房子外观做最大保留，对房子内部进行彻底重建

考虑到和周围景区古建筑群的整体协调性，设计师决定对房子的外观做最大的保留。但是对于房子的内部，则必须进行彻底的重建。

纵观整栋房子，最大的空间浪费集中在从一楼进门到二楼房间的这段“U”形通道上。算上一层半与之相连的储物间，这一段通道长约 17 米，最高处有 3.4 米，面积总体超过了 10 平方米，对于居住空间仅有 14 平方米的郑家来说，是巨大的浪费，同时也是整个房子里最危险、最亟待改造的地方。对于这样四周都无法扩展，似乎已经被完全限定死的格局，怎么可能实现改造呢?

对房子的外观做最大的保留

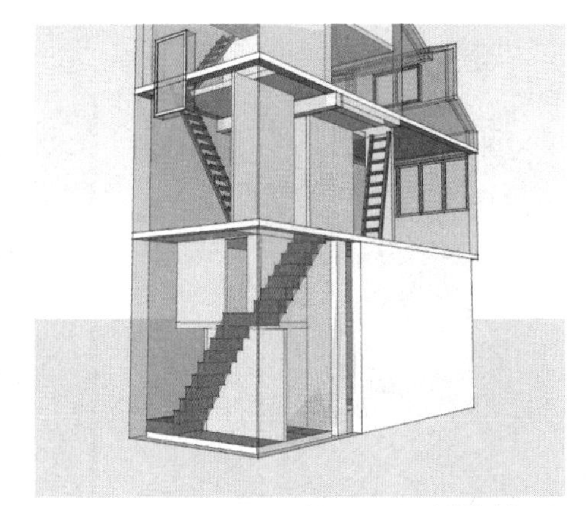

需要攀爬两层陡峭的楼梯才能入户

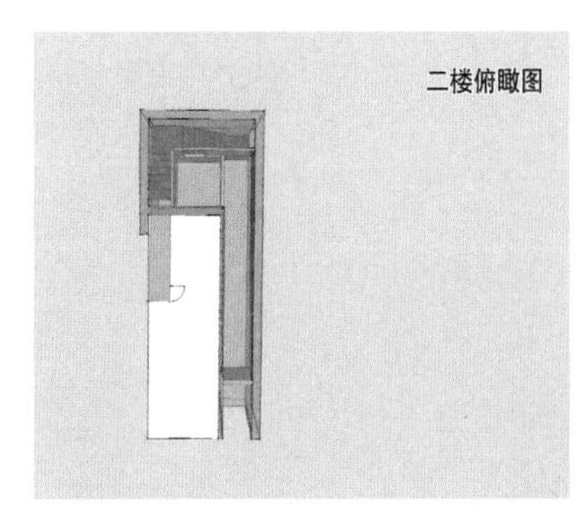

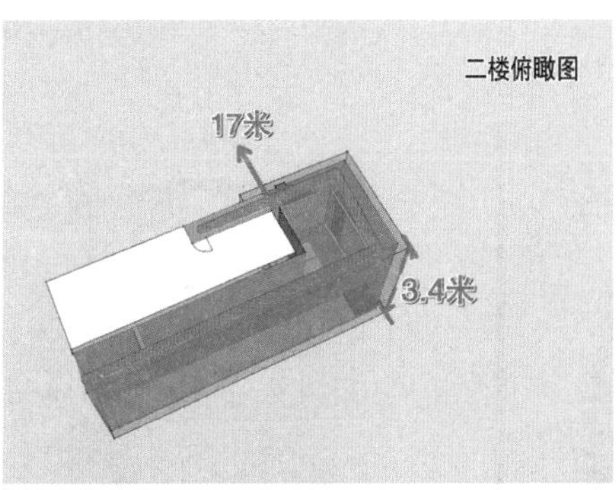

一楼进门到二楼房间的“U”形通道长 17 米，最高处有 3.4 米，总体浪费面积超过了 10 平方米

○进门设置入户楼梯，两家完全分离

从一层进门处就开始上楼梯，设计师这个大胆的想法，将房子原有的格局全部打破了。干郑两家将不再需要穿过 17 米的过道，而是在新的楼梯上方就拥有各自的入户门，两家完全分离开。

两家人自己家的路线从 17 米缩短到 5 米，楼梯坡度从 70°降到了 35°，这样的改变也让原来不得不共用的通道真正只属于郑家了。

入户楼梯的下方，变成了可以淋浴的卫生间；原来卫生间的位置改成厨房；原来的储物间变成了一个可供郑女士父亲休息用的床铺，扩大了实际的居住面积。

一层进门处开始上楼梯

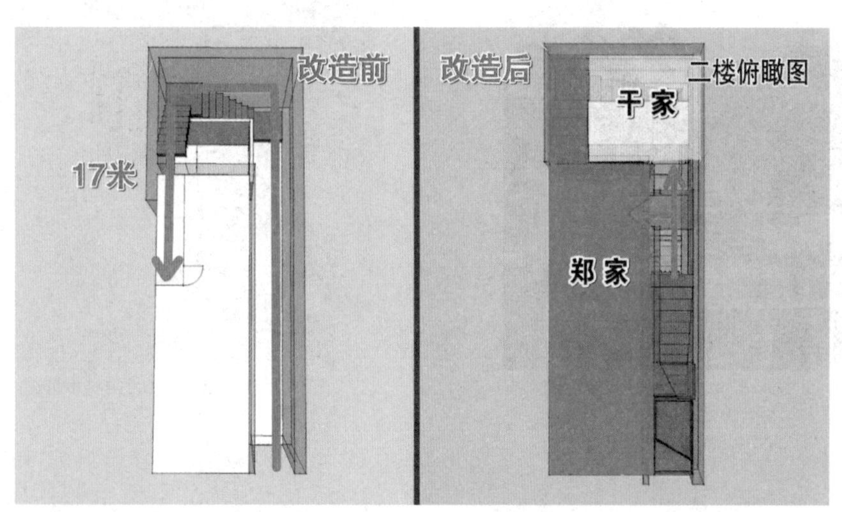

重新规划后入户距离从 17 米缩短到 5 米，楼梯坡度从 70°降到了 35°，干郑两家在新的楼梯上方，为两家入户门

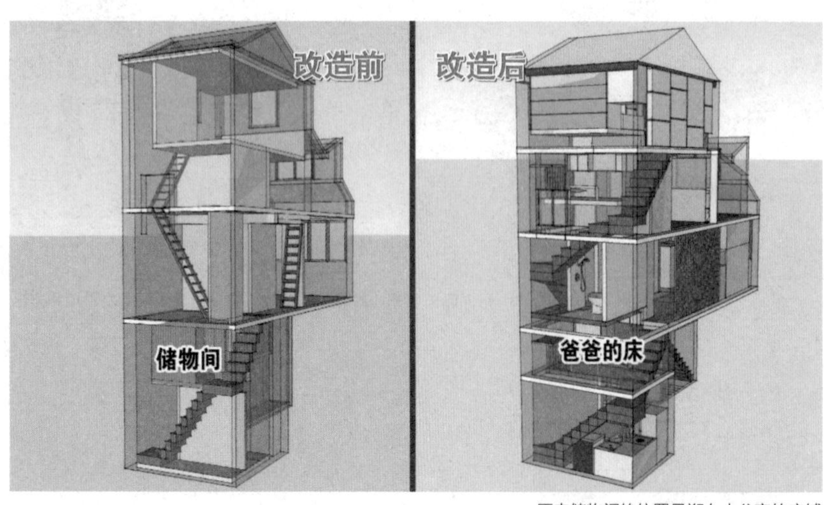

原来储物间的位置是郑女士父亲的床铺

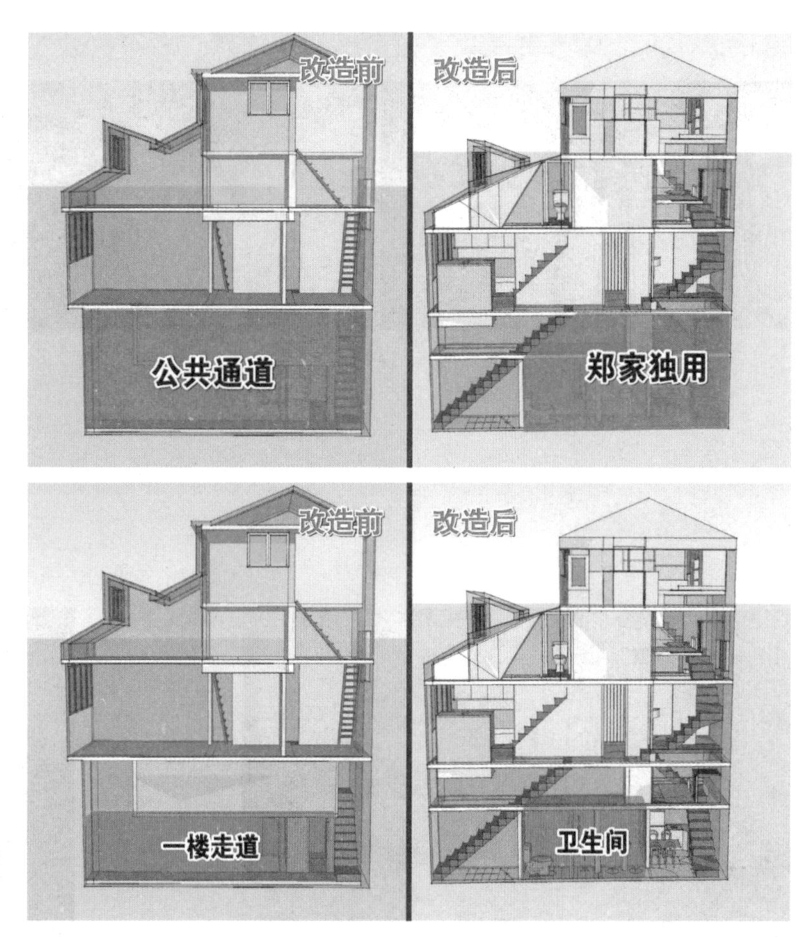

原来不得不共用的通道真正只属于郑家了，入户楼梯的下方，变成了可以淋浴的卫生间

○原始结构的老房子已经变形，设计师巧妙利用钢结构加固房子

部分梁柱已经腐烂

随着施工过程的推进，渐渐露出原始结构的老房子比设计师预估的要更脆弱。部分的墙面已经完全变形了，整个房子早已成了危房。工人们小心拆除墙体后发现，原本彼此支撑的梁木和柱子，现在只有一厘米左右的位置还勉强支撑着，而隔壁住户家的梁已经完全倾斜过来，三者依靠在一起，动任何一根都存在巨大的危险。

部分墙面已经变形

利用千斤顶，施工队硬是将已经倾斜错位的梁柱归位了

梁木和柱子只有一厘米左右的位置勉强支撑着

○利用钢结构加固整个房子

设计师决定使用钢结构对整个房子进行加固，而且不同于一般的结构施工，这座房子是一边加固一边拆除。

利用钢结构加固整个房子

○将空间划分为八个层面

在完全支撑住整个房子之后，设计师对室内的格局也进行了精准的分割。房子从底层到顶，一共被分成了八个层面，为了让所有的空间都达到舒适的高度，设计师对于空间的寸土必争可谓做到了极致。在征得干郑两家同意后，设计师对干家的房屋层高做了微调，小部分空间抬高了一些，让楼下的郑家人至少可以站直；而郑家则为干家让出了管道的位置，让干家可以拥有企盼已久的卫生间。

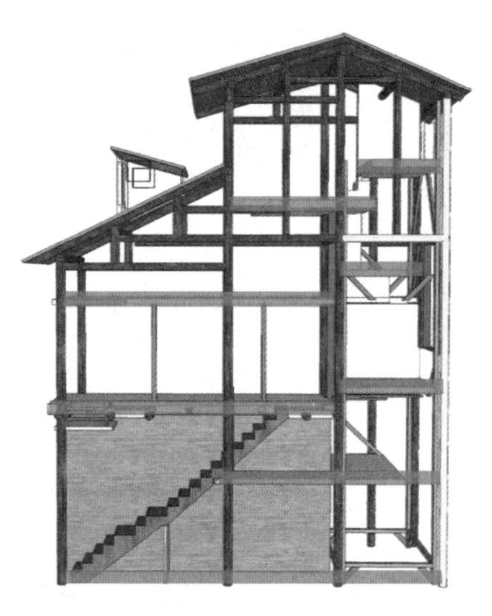

将空间分为八个层面

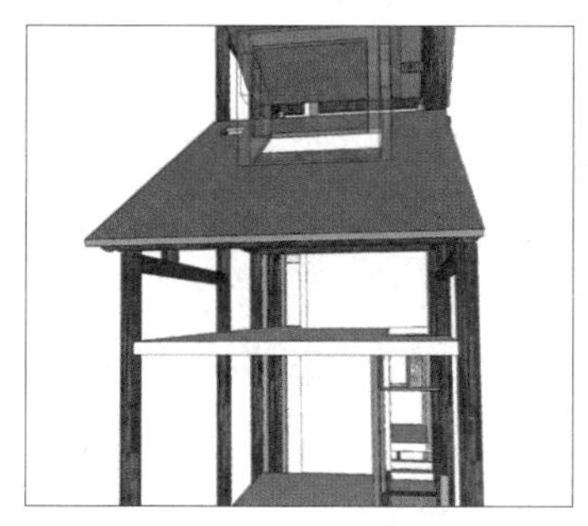

经过干家同意，郑家小部分空间抬高了 40 厘米，郑家楼下的空间可以站直

○调换床铺和客厅位置，为奶奶设置卫生间

郑家的客厅和奶奶的床铺调换了位置。由于这里光线充足，安排了客厅和奶奶的卧室，设计师利用柜子为老人分割出独立的房间，同时在入门楼梯的上方做了一个下沉式的浴室。

奶奶卫生间位置

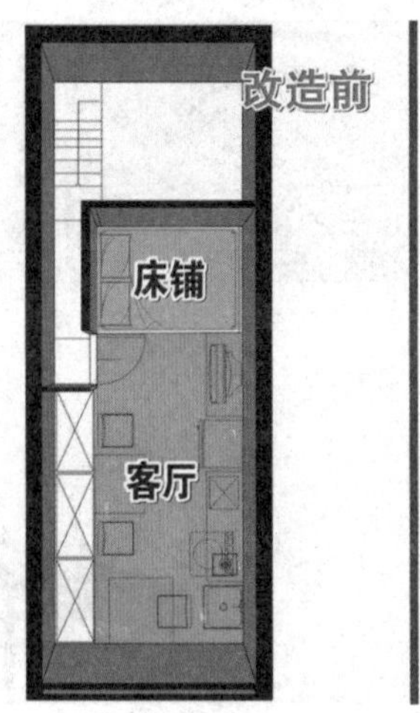

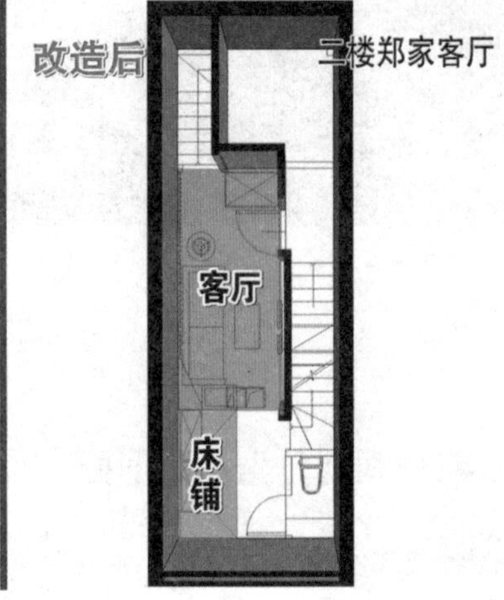

在光线充足处安排了客厅和奶奶的卧室

○阁楼有足够的面积区分为两个房间

通往阁楼的楼梯就在一层楼梯的正上方，这样对空间的重复利用让阁楼有足够的面积被分为两个房间。老虎窗下矮的部分留给 6 岁的女儿住，另一侧留给姑妈姑父住。

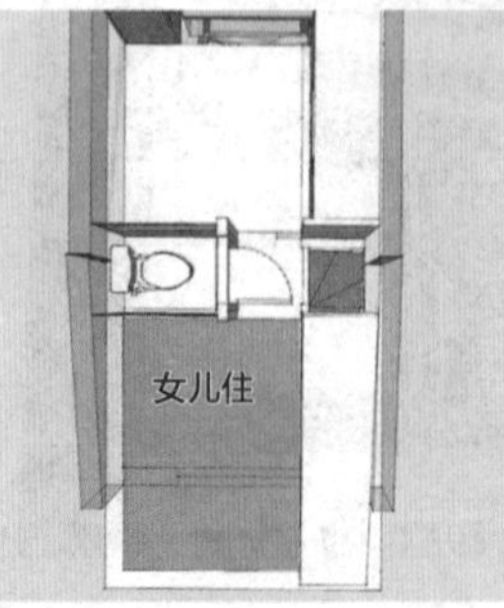

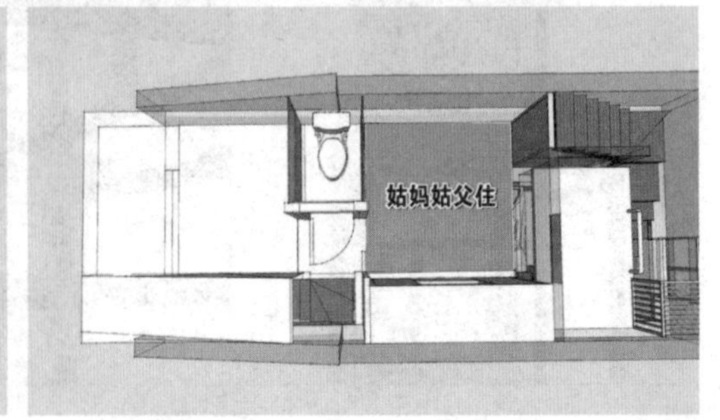

将阁楼划分成两个房间

○原来的一层走道变成了厨房和卫生间

从二楼顺着楼梯往下走才是真正的一楼，原来必须得穿过走道上楼进客厅，现在则反过来走，从客厅下到厨房、餐厅。这个楼梯下方变成新的浴室空间，一方面让原来这条冗长的通道得到充分的使用，另一方面能够创造一个比较舒适的厨房和餐厅的空间。

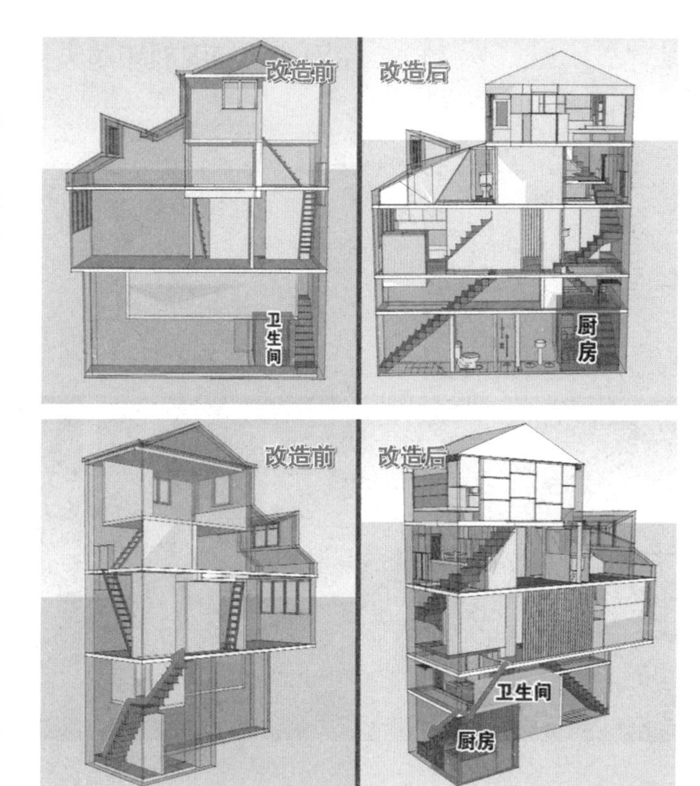

原来卫生间的位置改造成了厨房

○不着痕迹地放缓楼梯坡度

厨房通往客厅的楼梯和原来“爬梯”的位置完全相同，但却完全不觉得危险，这是因为设计师对楼梯做了看似简单却十分实用的处理。他让楼梯的踏板比下方多出了 2 厘米，高度略微增加，不着痕迹地放缓了整个楼梯的坡度。

楼梯踏板向内缩 2 厘米，往上走的时候能够得到一个比较宽的面

能够让人更舒适地通行而不是爬，极大地提高了安全性

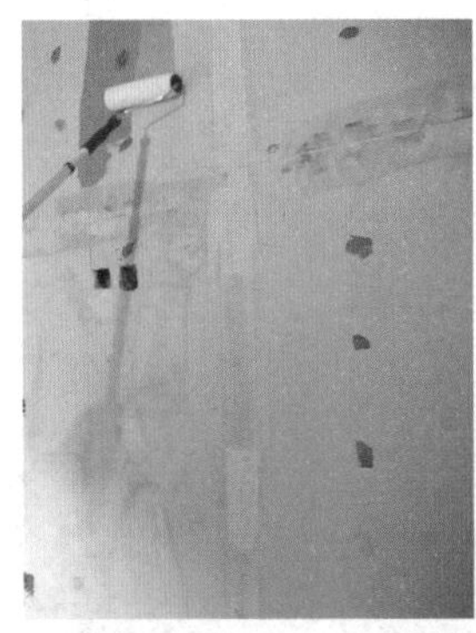

○使用墙面加固剂和防火材料

即使内部已经是“钢筋铁骨”，设计师仍然在整栋房子的墙面上使用了墙面加固剂，在加固后的墙体表面又铺设了防火清水板材料。

使用墙面加固剂和防火材料

装修小贴士

• 清水板

清水板，即清水混凝土板，又称装饰混凝土，因其极具装饰效果而得名。它属于一次浇筑成型，不做任何外装饰，直接采用现浇混凝土的自然表面效果作为饰面，因此不同于普通混凝土。它的表面平整光滑，色泽均匀，棱角分明，无碰损和污染，只是在表面涂一层或两层透明的保护剂，显得十分天然、庄重。清水混凝土具有朴实无华、自然沉稳的外观韵味，其与生俱来的厚重与清雅是一些现代建筑材料无法效仿和媲美的。材料本身所拥有的柔软感、刚硬感、温暖感不仅能对人的感官及精神产生影响，而且可以表达出建筑情感。

另外，用木材加工制作的板式构件，利用其本色作为饰面的也称清水板。总而言之，清水板就是利用其自身的材质、本色作为饰面的板式构件。

4 改造前后平面图对比

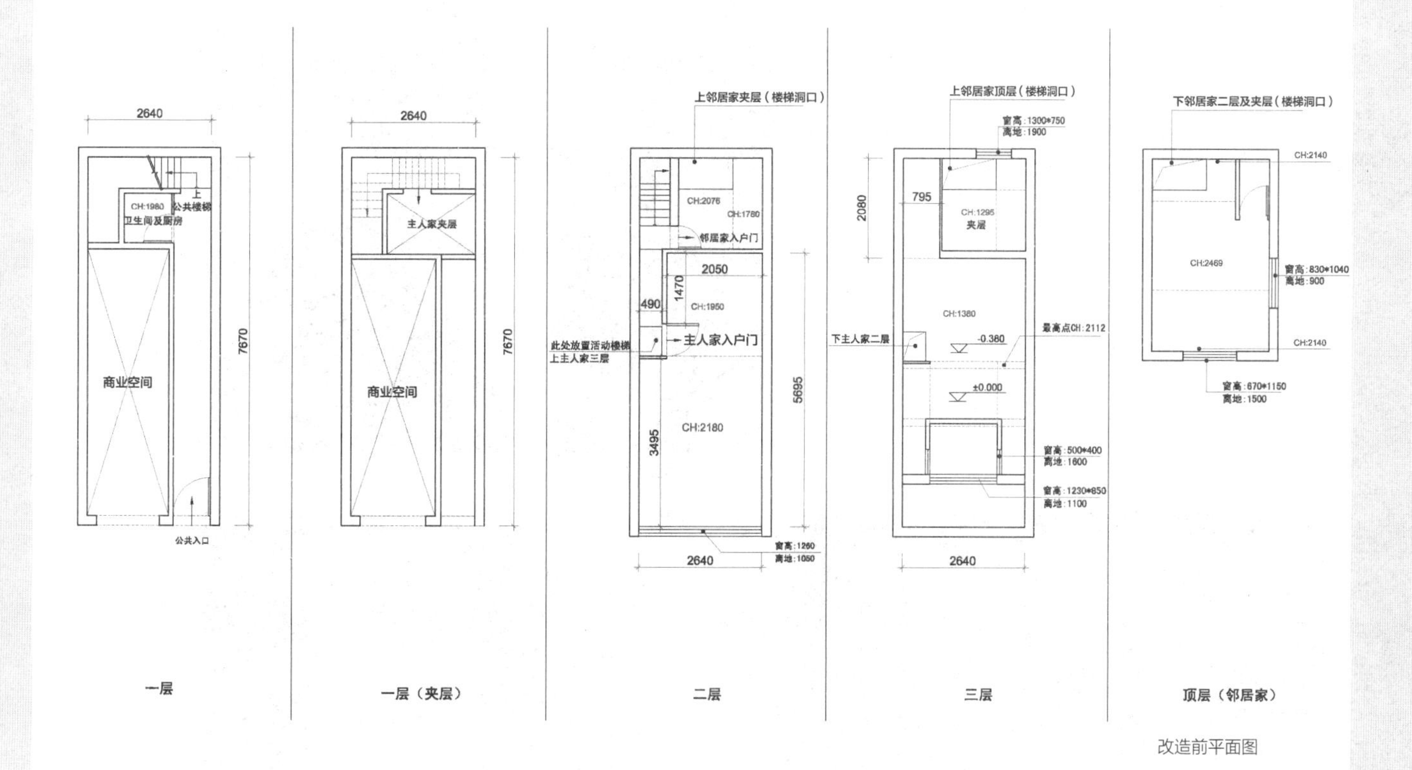

改造前平面图

一层

一层（夹层）

二层

三层

改造后平面图

5 改造后成果分享

○入户楼梯

入户楼梯的设计，让干郑两家四十多年来第一次彻底分离开。

改造前入户走廊

改造后入户走廊

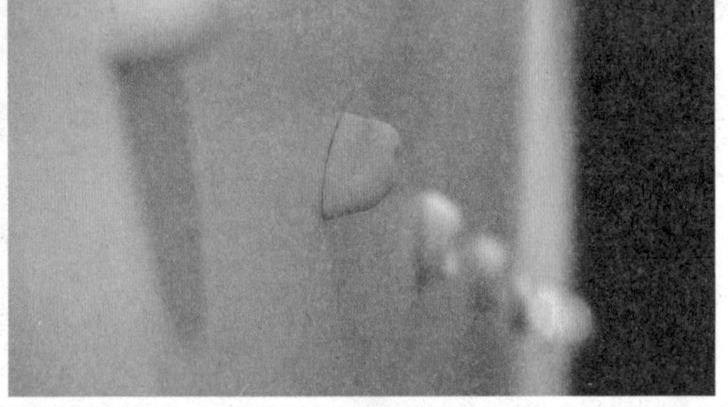

从一层进门处就开始上楼梯，在新的楼梯上方就拥有各自的入户门，两家完全分离开

○光线充足的客厅

原木色的主调大方自然，刻意作旧的处理保留了房子的历史感，与古朴的外形完美结合；镜面的大量使用让室内显得宽敞明亮。

郑家客厅入户门

改造前客厅

从客厅内部看二层通往一层的楼梯口

与建筑风格相统一的木质格栅

从奶奶房间位置看入户客厅

客厅大面积镜面的使用，延伸了空间视觉效果

○与客厅相连的是奶奶的卧室

设计师把郑女士奶奶的房间安排在客厅旁，一方面因为这里光线更好，另外一方面可以利用一个分隔的柜子，让老奶奶拥有一个完全属于她自己的房间。

郑家明亮的客厅与奶奶的房间相连，床铺边的木柜其实是一个隐藏的下沉浴室，奶奶再也不用上下楼使用卫生间了。

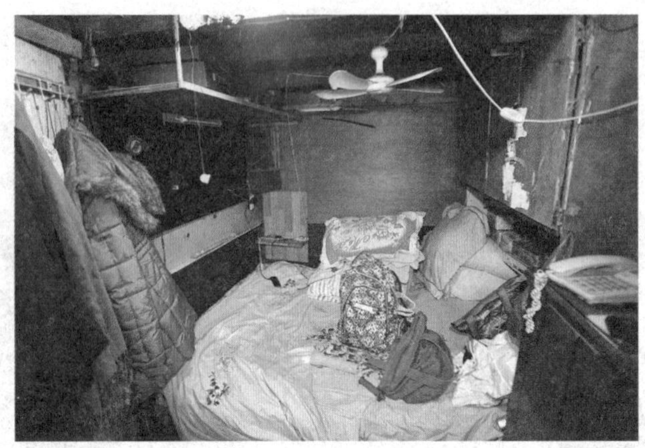

改造前奶奶的卧床

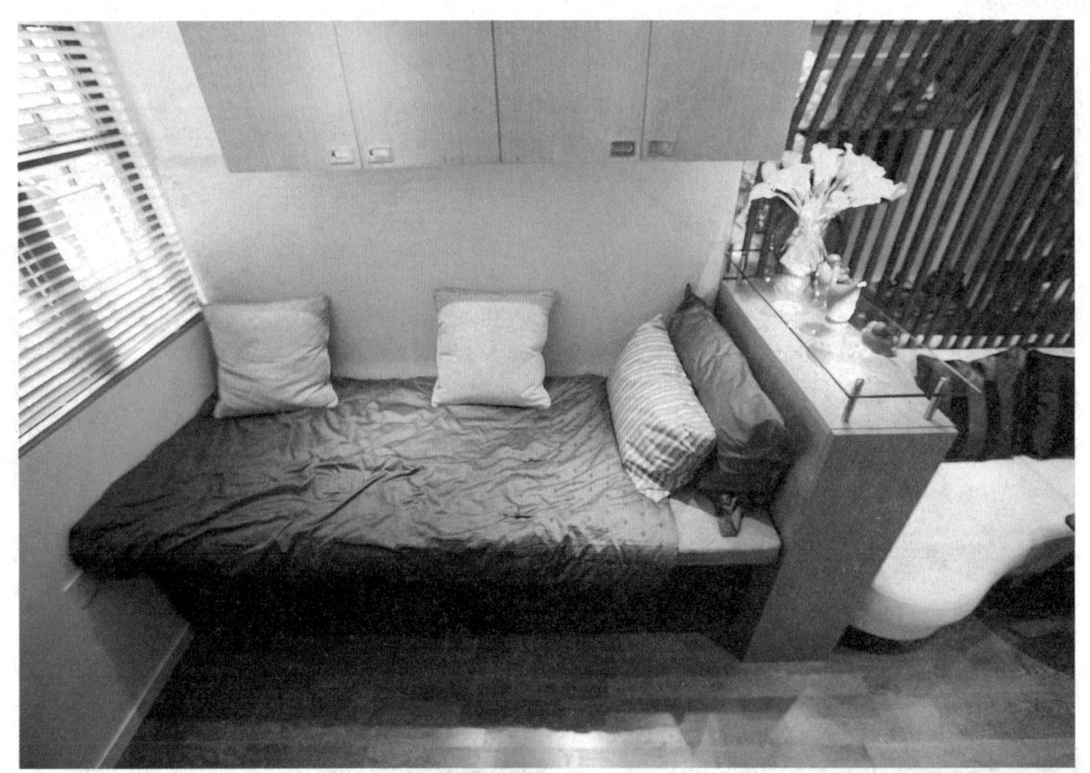

床铺下预留的空间可以放置老奶奶的樟木箱

奶奶床铺与客厅间的半隔断，既起到了区分空间的作用，又保证了客厅采光。客厅的隔断同时也是个隐藏式储物柜

奶奶床铺旁是隐藏式下沉浴室，避免了奶奶攀爬楼梯

○功能齐全的阁楼空间

阁楼空间跟以前的情况完全不一样，过去上到阁楼必须用一个很简便的梯子，上去之后甚至站不直，但现在上去以后是一个比较宽敞的空间，可以完全站直。现在这个高出来的地方刚好是邻居起居室的下方，所以在不影响楼上空间使用的前提下，楼下也可以获得足够的空间高度。

改造前阁楼

老房子裸露出木梁

儿童房

大量的储物空间

卫生间玻璃门的设计为两个房间最大程度地保留了采光

姑父姑妈的房间上方抬高的部分是邻居家卧床的位置

姑妈夫妇房间设计了整排的储物柜

○一层空间相互独立的厨房与卫生间

客厅往下，陡峭的楼梯变得平缓，底层的卫生间和厨房相互独立，再也不会发生以前尴尬的情况了。

设计师整合了入户楼梯下方的空间，改造成了卫生间

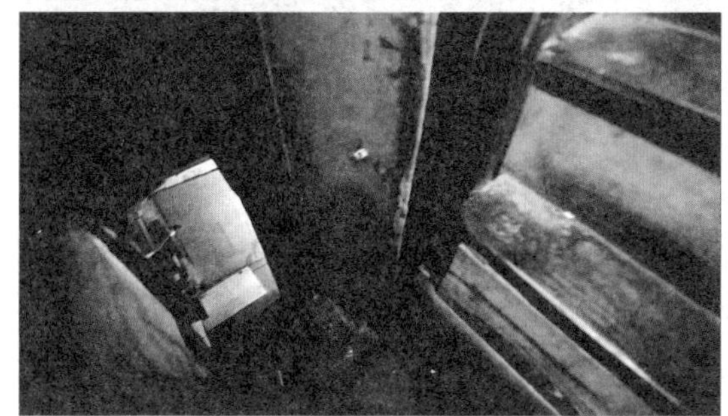

改造前打滑的楼梯

经过特殊设计的楼梯

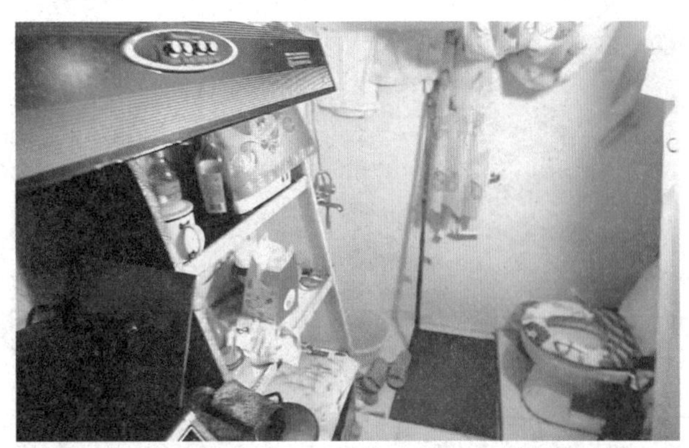
改造前厨房兼卫生间

以前一层卫浴与厨房的位置，设计师改造成了开放式厨房，方便烹饪与就餐

○父亲独立的卧室

客厅向下，一层半的空间是郑女士父亲的卧室，床板可以部分掀起，方便楼下通风和采光。

改造前储物间

可部分掀起的卧床

干家入户门

○邻居干先生家

干家现在拥有了自己的卫生间和淋浴间，两把直上直下的扶梯被平缓安全的楼梯取代，女儿的床铺不再危险，楼上的大房间也焕然一新。

干先生女儿的卧室

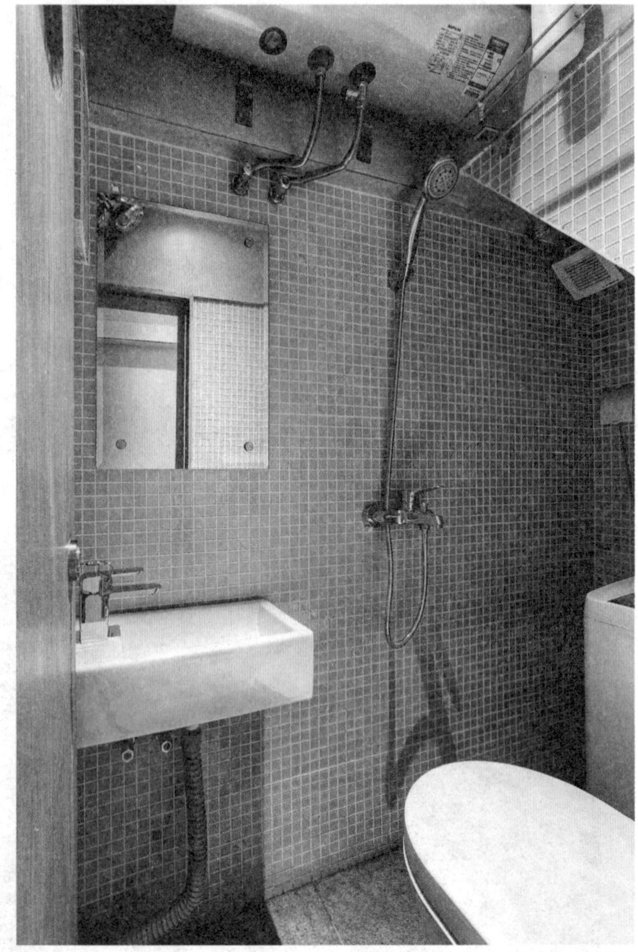
干先生家拥有了独立的卫生间和淋浴间

厨房与会客区

储物功能强大的壁橱，抬高的床铺下是郑家高出的屋顶

○设计师个人资料

史南桥

米兰理工大学环境设计硕士
台湾东海大学建筑系学士
上海高迪建筑工程设计有限公司总经理
处理个案过千，小户型及夹层空间的处理使他赢得了“空间魔术师”的美誉。坚持一贯精细的空间切割手法，“小空间，大利用；大空间，大作为”

荣誉奖项

生活空间展——最佳杰出空间设计奖
中外新闻社室内装饰设计公司金龙奖
时尚家居最佳创意奖
IAI 亚太设计双年大奖杰出华人设计师

图书在版编目（CIP）数据

梦想改造家．Ⅰ／梦想改造家栏目组编著．-- 南京：江苏凤凰科学技术出版社，2016.9
ISBN 978-7-5537-7130-4

Ⅰ．①梦… Ⅱ．①梦… Ⅲ．①住宅-室内装饰设计 Ⅳ．①TU241

中国版本图书馆CIP数据核字(2016)第201170号

梦想改造家 Ⅰ

编　　著 《梦想改造家》栏目组
项目策划 刘立颖
责任编辑 刘屹立
特约编辑 庞　冬　翟　娜

出版发行 凤凰出版传媒股份有限公司
　　　　 江苏凤凰科学技术出版社
出版社地址 南京市湖南路1号A楼，邮编：210009
出版社网址 http://www.pspress.cn
总　经　销 天津凤凰空间文化传媒有限公司
总经销网址 http://www.ifengspace.cn
经　　销 全国新华书店
印　　刷 上海雅昌艺术印刷有限公司

开　　本 889 mm×1 194 mm　1/16
印　　张 10.5
字　　数 172 000
版　　次 2016年9月第1版
印　　次 2024年4月第2次印刷

标准书号 ISBN　978-7-5537-7130-4
定　　价 49.80元

图书如有印装质量问题，可随时向销售部调换（电话：022-87893668）。